国家自然科学基金青年项目（批准号：71203232）研究成果

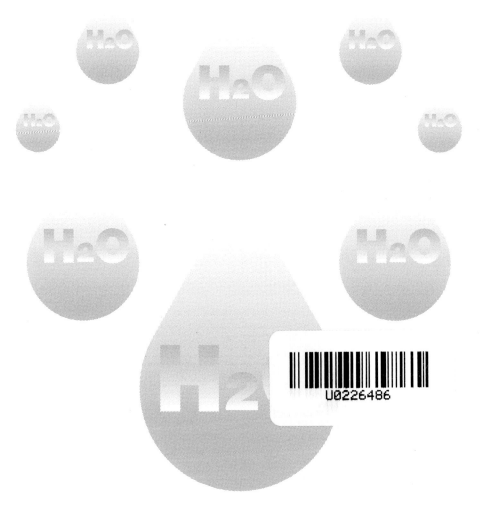

中国水资源利用效率研究

李鹏飞 著

经济管理出版社
ECONOMY & MANAGEMENT PUBLISHING HOUSE

图书在版编目（CIP）数据

中国水资源利用效率研究/李鹏飞著. —北京：经济管理出版社，2016.2
ISBN 978-7-5096-4247-4

Ⅰ.①中…　Ⅱ.①李…　Ⅲ.①水资源利用—利用率—研究—中国
Ⅳ.①TV213.4

中国版本图书馆 CIP 数据核字（2016）第 027040 号

组稿编辑：张　艳
责任编辑：任爱清
责任印制：黄章平
责任校对：张　青

出版发行：经济管理出版社
　　　　　（北京市海淀区北蜂窝 8 号中雅大厦 A 座 11 层　100038）
网　　　址：www.E-mp.com.cn
电　　　话：(010) 51915602
印　　　刷：北京九州迅驰传媒文化有限公司
经　　　销：新华书店
开　　　本：720mm×1000mm/16
印　　　张：9.25
字　　　数：187 千字
版　　　次：2016 年 2 月第 1 版　　2016 年 2 月第 1 次印刷
书　　　号：ISBN 978-7-5096-4247-4
定　　　价：38.00 元

前　言

　　水资源是基础性自然资源和战略性经济资源。对于中国而言，水资源总量较多、人均占有量少、时空分布不均衡的基本特征，决定了其在工业化、城镇化进程中面临严格的水资源约束问题。为缓解日益严峻的水资源刚性约束，促进经济社会可持续发展，中国政府自20世纪80年代末期开始从建立水资源管理法规体系、组建水行政管理机构与体系、开展水资源评价和水资源中长期供求计划、进行水资源宏观分配、实施取水许可和水资源有偿使用政策等方面加强和改善水资源开发利用。近年来，中国政府加大了水资源节约保护力度，也取得了一定成效。但水资源短缺、供需矛盾突出的问题并没有得到根本性解决，水资源承载能力相对较弱已成为不少地区经济社会发展的最主要制约因素之一。

　　提高水资源利用效率是缓解中国水资源供需紧张形势的重要途径。为有效提高用水效率，需要从整体上把握中国水资源利用效率的时序变化趋势及其区域差异状况。进一步说，由于工业部门水资源消费量占全社会用水总量的比重不断提高，所以要重点分析工业部门水资源利用效率变化状况及其影响因素。同时，在工业部门内部，各行业水资源消费存在较大差异，因此需要对它们的用水特征进行深入研究，以确定工业节水长期战略和短期措施实行的重点领域。

　　第一章介绍了在工业化、城镇化进程中、在日益严峻的水资源约束背景下，研究中国水资源利用效率的重要性。突出强调在中短期内，提高用水效率是缓解水资源供需紧张形势最有效的途径。即便是在长期内，与南水北调等改善水资源供给格局的大型水利工程相比，从需求侧持续提升用水效率的举措，更能以更低成本实现环境友好型发展。

第二章从水资源总量、空间分布、供需关系、用水结构、用水指标、供水来源六个方面概要分析中国水资源开发利用状况及其变化趋势。整体而言，中国的水资源具有以下特点：一是总量较多、人均占有量少；二是时空分布不均匀、南多北少、东多西少，与人口、耕地和经济产出的分布不匹配；三是供需形势日益严峻，已从中等程度用水紧张变为中高程度用水紧张；四是工业、农业、生活及生态环境用水比例持续发生变化，工业用水和生活用水两者所占比重逐年提高，农业用水比重下降；五是南方地区供水以地表水源为主，而北方大部分地区供水高度依赖地下水源；六是用水效率基本呈现提高趋势，但 2009 年这一趋势有逆转的倾向，而且与高收入国家、中高收入国家相比，中国水资源利用效率偏低。

第三章在总结现有研究中国水资源消费量与经济增长关系文献的基础上，针对已有研究中需要改善的问题和本书的主题，分别利用时间序列分析方法和面板数据计量技术方法从不同的角度分析了中国水资源消费量与经济增长之间的内在依存关系。分析结果表明，中国水资源消费和经济增长之间存在长期稳定的均衡关系，水资源消费量的提高是驱动经济增长的原因之一；在全国以及东、中、西三大区域，水资源消费量与 GDP（或地区生产总值）之间都存在明显的相关关系。而且，在全国及东、中、西三大区域的水资源消费量的经济增长弹性中，中部地区最高、全国其次、西部第三、东部最低。

第四章在描述中国水资源综合利用效率时序变化的基础上，运用 Laspeyres 指数分解模型考察了导致中国工农业总体水资源利用效率提高的结构因素贡献与效率因素贡献，并且采用超越对数生产函数模型对 2002~2009 年中国 28 个省份的面板数据进行估计，得到了各省级行政区的边际水资源利用价值。分析结果显示：①1980~2009 年，尽管中国单位 GDP 水资源消耗强度绝对下降幅度表现出"先大后小"的特征，但其下降速度基本稳定且呈逐年加快的态势；②1980~2009 年，从绝对值上看，农业水资源消耗强度远高于工业，而且随着时间的推移，两者之间的相对差异略有缩小后，逐渐变得越来越大；③1980~2009 年，从时序变化的角度看，工农业总体水资源强度与农业部门的相对差异越来越大；④从分阶段角度看，1980~1990 年，农业水资源消耗强度降低的速度要快于工业，此后尽管工业水资源消耗强度降低速度有所波动，但一直都快于农业部门水资源消耗强度的下降速度；⑤在促使1980~2009年中国工农业总体水资源消耗强度下降的因素中，效率因素的贡献大于结构因素的贡献；⑥2002~2009年中国省际水资源边际利用效率估计结果表明，各省级行政区的水资源边际利用效率差异较大，发达地区的水资源边际利用效率显著高于欠发达地区；⑦从纵向比较的角度看，各省级行政区的水资源边际利用效率提高趋势明显，但是发达地区的提高速度更快、改善程度更显著，欠发达地区的上升速度较慢、改善程度较小。这些结论对于南水北调工程调水量分配、为实现加强水资源管理目标而开展的用水量定额和江河流域水量分配工作等都具有重要的参考价值，其基本思想是要把稀缺的水资源分配到边际利用价值最高的地区去。这样才能从整体上提高水资源配置效率，尽最大可能降低因为用水总量控制带来的潜在经济损失。

为尽可能减轻行业分类层次过高对因素分解模型结论稳健性的负面影响，第五章以2003~2007年中国38个两位数工业行业数据为基础，利用AWD因素分解模型得到了工业部门水资源消耗强度变化的结构因素贡献和效率因素贡献，讨论了结构因素份额和效率因素份额在各工业行业之间的分布状况。第一，从横向比较的角度看，各工业行业水资源消耗强度存在显著差异，电力、化工等重化工行业单位工业增加值的新水取用量明显高于烟草制品、家具制造等轻工行业。第二，从纵向比较的角度看，各工业行业水资源消耗强度基本上都呈持续下降态势。就2003~2007年单位工业增加值新水取用量降幅绝对值而言，电力、化工、钢铁、纺织、造纸等重化工行业位居前列。就单位工业增加值新水取用量下降速度来说，其他采矿业，废弃资源和废旧材料回收加工业，石油加工、炼焦及核燃料加工业，造纸及纸制品业，黑色金属冶炼及压延加工业等5个行业依次排在前五位。第三，工业部门内部的行业结构调整，对2003~2007年工业水资源消耗强度降低的作用非常有限，其贡献率仅为6.14%。与此形成鲜明对比的是，效率因素的高效率高达87.90%。第四，2003~2007年工业部门水资源消耗强度降低主要源于用水效率的提高，而工业部门用水效率的提高又主要源于电力、化工、钢铁、造纸四个高耗水行业的水资源利用效率的上升。第五，在结构因素贡献率较低、为实现节水目标实施结构调整政策的成本过高的条件下，从政策资源优化配置的角度看，工业节水政策应该以提高各工业行业水资源利用效率为重点。

第六章刻画了中国工业行业水资源需求的长期演变和短期变化特征，并确定总产出和用水效率对两者的影响程度，从而为中国工业用水调整的长期战略和短期措施制定提供参考，以中国 38 个工业行业 2003~2007 年的水资源消费数据、总产值数据和增加值数据为基础，估计和检验了中国工业部门水资源消费的面板协整模型和面板误差校正模型（Panel Vector Error Correction Model，PVECM），得到的估计结果显示：①各工业行业水资源需求的静态依赖性差异较大，重化工行业的静态依赖性远高于轻工行业。②各行业水资源需求的增长弹性系数都大于0，但水资源需求的增长弹性系数大于 1 的行业数量较少，它们在工业总产值中的比重并不高并且在降低。这就表明，在工业结构变化趋势不发生根本性改变的情况下，工业新水取用量增速低于工业总产值增速的态势将会持续。③各行业用水效率动态变化对水资源需求的影响都小于0，但各行业的用水效率系数差异较大。从提高工业节水政策效率的角度看，在基于价格等市场手段的普适型政策框架没有建立起来之前，考虑到电力、化工、钢铁、造纸等重点领域节水潜力有限、节水成本提高，作为折中方案或过渡时期方案，宜将现行基于财政补贴的盯住重点领域型政策框架的适用范围推广至纺织业、黑色金属矿采选业、非金属矿采选业、其他采矿业、有色金属矿采选业、化学纤维制造业、饮料制造业等用水效率系数绝对值高的行业，以确保工业节水政策能取得实效。利用多部门动态随机一般均衡（Dynamic Stochastic General Equilibrium，DSGE）模型进行模拟分析的结果显示，要求这些用水效率系数绝对值高的行业提高水资源利用效率，并不会对其产出形成明显的负面冲击。

第七章总结了全书的实证分析结果，并在概括主要水资源管理手段的基础上，提出了提高中国水资源利用效率，尤其是提升工业部门用水效率的长期战略和短期政策框架。强调要把提高工业行业用水效率作为工业节水最主要的任务，并且尽快实现工业节水政策框架的转型，即从现行基于财政补贴的盯住重点领域型政策框架，转向基于价格等市场手段的普适型政策框架。

目 录

第一章　导论

　　水是人类生存与发展过程中不可替代的重要资源，是经济社会可持续发展的基础。天然条件下，水的基本性质决定了水资源具有三种原始的基本属性：因其物理性质而具有的资源属性；因其化学性质而具有的环境属性；因其生命性质而具有的生态属性（汪献党等，2010）。人类对水资源的开发利用，已从最初的以解决生存问题为主要目标的灌溉、防洪为主的除害兴利阶段，过渡到以保障经济社会发展为目的的水资源综合开发利用阶段，并且正在向水与经济、社会、环境协调发展的人水和谐阶段迈进。

一、选题背景

　　历史上，中国就是世界人口大国和农业大国。"趋水利、避水害"，长期以来都事关国泰民安和国家存亡。对于中国而言，水利始终都是一件治国安邦的大事。从举世闻名的都江堰，到气势磅礴的三峡工程；从大禹治水定九州，到南水北调沛北方，都见证着中国的辉煌治水成就。

　　在新的时期，作为国民经济基础设施的重要组成部分，水利在防洪安全、供水安全、粮食安全、经济安全、生态安全等方面具有不可替代的作用。具体而言，防洪体系建设有效减轻了洪水的灾害，保障了民众的生命财产安全和社会稳定；农田水利事业发展有效改善了农业生产条件；供水保障体系建设有效促进和保障了社会经济发展和民众生活水平提高；水土保持治理工程实施有效改善了生产条件和生态环境；水力发电提供了大量的清洁能源。

然而，受制于中国特殊的自然地理条件，在经济快速发展和人口总量不断增加的背景下，中国在水资源利用方面面临的挑战非但没有变小，反而越来越大。水资源短缺、水生态环境恶化、洪涝灾害等问题，已成为经济社会可持续发展的重要制约因素。以水资源短缺为例，中国是世界上 13 个贫水国家之一，在中国 660 多个设市城市中，有 400 多座城市不同程度地缺水，其中严重缺水的城市超过 110 座。王浩、秦大庸、汪献党等（2008）的分析表明，在一般年份中国缺水 301 亿 m³，其中工业缺水 46 亿 m³，农业缺水 245 亿 m³，生活缺水 10 亿 m³。在各水资源分区中，海河、辽河、黄河及淮河流域缺水最为严重，缺水量分别为 86 亿 m³、23 亿 m³、47 亿 m³ 和 55 亿 m³，缺水率分别为 21.3%、11.7%、10.8% 和 8.4%。

在此背景下，从经济学的角度研究中国的水资源问题具有重要意义。进一步说，洪涝灾害防治更多要依靠水文、气候等自然科学的分析结论，水生态环境治理需要更多借助环境科学等方面的理论工具进行分析，但对于水资源短缺问题，经济分析工具可以发挥其强大的作用。毕竟，短缺是供需失衡的一个表现，而供需问题是经济理论关注的重点领域。换言之，在理解中国水资源短缺方面，经济分析工具具有内在的优势。

二、问题的提出

解决水资源短缺难题，可以从供给和需求两个方面入手。长期以来，中国兴建了大量蓄水、引水、提水工程，尤其是修建了一大批远距离城市供水水源工程，力图通过增加供水量来缓解供需矛盾。这方面最有代表性的，是为缓解中国北方地区水资源严重短缺而实施的重大战略性工程——南水北调。① 其他大型调水工程，包括引滦（滦河）入津（天津）、引滦（滦河）入唐（唐山）、引碧（碧流河）入连（大连）、引黄（黄河）济青（青岛）、引青（青龙河）济秦（秦皇岛）、东江—深圳供水、西安黑河引水等。这些水源工程大幅度地提升了供水能力，但在水资源需求高速增长的情况下，用水紧张的局面不仅没有缓解，反而有日渐加剧的趋势。

在水资源开发潜力有限、开发难度越来越大的条件下，很难以增加供给的方式来解决水资源短缺难题。由图1-1表示的中国水循环及水平衡状况可知，仅有46%的降水量形成水资源量。在水资源总量中，扣除最低生态环境需水要求和人类难以控制利用的洪水，水资源开发潜力十分有限。中国水资源可利用量仅为8120亿 m³，不到水资源总量的30%。由于区域间水资源开发利用程度差别很大，例如海河目前耗用的水量已相当于其水资源可利用总量的121%，黄河也超过100%，辽河达94%，北方大部分地区已无进一步开发的潜力，部分地区已超过其合理开发利用的极限，必须依靠节水才能缓解水资源供需矛盾。南方地区虽然尚有一定的开源潜力，但开发难度较大、成本较高。此外，随着经济社会发展，新建供水工程涉及的移民、环境保护等问题也越来越复杂，供水工程建设的成本和难度也越来越大。

因此，从需求侧进行水资源管理，已成为缓解用水紧张形势的当务之急。一般而言，可以把水资源需求侧管理的主要手段分为两类：一类是总量控制措施，即对中国或区域水资源消费总量进行限制，以确保水生态和水环境不受到根本性破坏；另一类是效率提升措施，即通过提高水资源利用效率，在不对经济发展和民众生活造成显著影响的前提下，缓解用水紧张局面。总量控制措施实际上是一种计划手段，如果不能设计出与其配套的、能良好运行的水权交易机制，那

---

① 南水北调工程是迄今为止世界上规模最大的调水工程，工程横穿长江、淮河、黄河、海河四大流域，涉及十余个省级行政区，输水线路长，穿越河流多，工程涉及面广，包含水库、湖泊、运河、河道、大坝、泵站、隧洞、渡槽、暗涵、倒虹吸、PCCP管道、渠道等水利工程项目，是一个十分复杂的巨型水利工程，其规模及难度国内外均无先例。仅东、中线一期工程土石方开挖量17.8亿方米，土石方填筑量6.2亿立方米，混凝土量6300万立方米。

么在实现水资源供需平衡的同时，很可能会对生产和生活产生严重负面影响。相对而言，效率提升措施的潜在负面影响要小一些。原因在于，它并不对经济主体的水资源消费量进行直接控制，而是通过多种手段引导、激励其提高水资源利用效率。

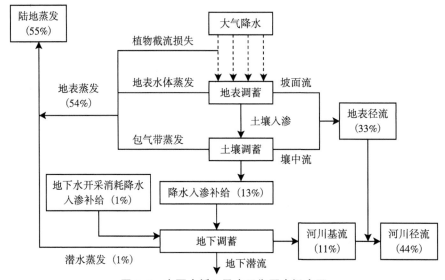

图 1-1　中国水循环及水平衡要素概念图

资料来源：汪献党，王浩，倪红珍，龙爱华等.水资源与环境经济协调发展模型及其应用研究［M］.北京：中国水利水电出版社，2011：15；该图根据 1959~2000 年中国水文系列资料及用水情况绘制。

基于此，提高水资源利用效率应该成为水资源需求管理的核心任务。本书后续各章将从多个角度探讨与中国水资源利用效率有关的问题，并根据实证分析结论提出促进节约用水（尤其是工业节水）的政策建议。

三、研究目的与意义

如前所述，本书属于问题导向型研究，即针对中国经济发展进程中面临的水资源约束难题，力图利用实证分析方法探讨中国水资源利用效率方面的有关问题，为制定实施合理、有效的节水政策（尤其是工业节水政策）提供坚实的理论依据。

由于本书是针对中国经济发展过程中现实问题而展开的，因此其具有重要意义，具体表现在以下五个方面：①对水资源消费量与经济增长之间的关系的研究，有助于从水资源需求的角度认清中国水资源短期问题的长期性、艰巨性；②对中国总体水资源消耗强度变化驱动因素的分析，有助于确定节水型社会建设的工作重点；③对中国水资源边际利用效率省际差异的研究，有助于提高南水北调等大型水利工程的水资源配置效率；④对工业行业水资源消耗强度变化的因素分解，有助于理解结构调整和效率提升对于工业节水的作用，从而为把握工业节水政策重点奠定基础；⑤对工业行业水资源需求的长期演变和短期变化特征的分析，有助于确定工业节水政策框架改革的方向和路径。

四、研究方法与技术路线

本书是问题导向型实证研究，采用的方法主要有：①基于时间序列数据的格兰杰因果关系检验方法。在分析中国的水资源消费量与经济增长之间的关系时，使用的就是这一时间序列计量分析方法。②基于面板数据的计量分析方法。在分析中国各省级行政区的水资源边际利用效率时，使用的是面板回归分析方法；在分析各工业行业水资源需求的长期均衡特征时，使用的是面板协整技术；在分析各工业行业水资源需求的短期调整特征时，使用的是面板误差校正模型估计方法。③基于不同数据特征的指数分解方法。在分析中国工农业总体水资源消耗强度变化的驱动因素时，使用的是拉氏指数分解方法；在分析中国工业部门水资源消耗强度变化的结构因素贡献和效率因素贡献时，使用的是适应性加权因素分解方法。

为实现研究目标，本书的分析思路是：①简要介绍有关中国水资源的典型事实，在明确研究重要性的基础上，引出研究主题；②考察中国水资源消费与经济增长的内在依存关系，从水资源需求的角度阐述中国水资源短缺的长期性；③从总体上判断中国水资源利用效率的时序变化和区域差异；④找出中国工业部门水资源消耗强度降低的驱动因素；⑤通过分析中国工业行业水资源需求的长期演变和短期变化特征，明确工业节水长期战略和短期措施的重点领域；⑥全书的总结、政策建议及研究展望。本书的技术路线如图1-2所示。

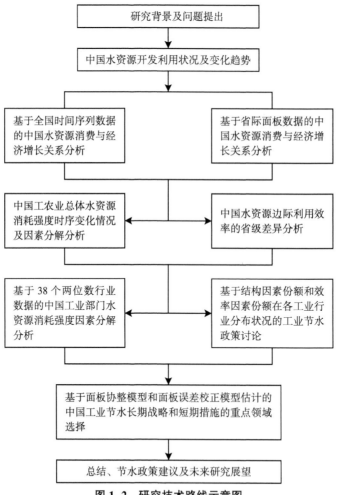

图1-2　研究技术路线示意图

实，在明确研究重要性的基础上，引出研究主题；②考察中国水资源消费与经济增长的内在依存关系，从水资源需求的角度阐述中国水资源短缺的长期性；③从总体上判断中国水资源利用效率的时序变化和区域差异；④找出中国工业部门水资源消耗强度降低的驱动因素；⑤通过分析中国工业行业水资源需求的长期演变和短期变化特征，明确工业节水长期战略和短期措施的重点领域；⑥全书的总结、政策建议及研究展望。本书的技术路线如图1-2所示。

图1-2　研究技术路线示意图

实，在明确研究重要性的基础上，引出研究主题；②考察中国水资源消费与经济增长的内在依存关系，从水资源需求的角度阐述中国水资源短缺的长期性；③从总体上判断中国水资源利用效率的时序变化和区域差异；④找出中国工业部门水资源消耗强度降低的驱动因素；⑤通过分析中国工业行业水资源需求的长期演变和短期变化特征，明确工业节水长期战略和短期措施的重点领域；⑥全书的总结、政策建议及研究展望。本书的技术路线如图1-2所示。

图1-2　研究技术路线示意图

第二章　中国水资源开发利用状况及其变化趋势

水资源状况是水资源利用效率研究的起点。从经济理论的角度看,一方面,效率分析只有应用于稀缺资源才能体现其功效。另一方面,对于应用研究而言,其研究价值的大小在很大程度上取决于研究对象的重要性。换言之,假如中国的水资源总量丰富、区域分布平衡、供需矛盾不突出,那么站在经济学的立场上,中国水资源利用效率到底是高还是低,是哪些因素影响了水资源利用效率的高低等问题并没有多大的研究价值。

基于此,本章从水资源总量、空间分布、供需关系、用水结构、用水指标、供水来源六个方面概要分析中国水资源开发利用状况及其变化趋势。

一、水资源总量

水资源总量是指一定区域内的水资源总量指当地降水形成的地表和地下产水量,即地表径流量与降水入渗补给量之和,不包括过境水量。在计算中,既可由地表水资源量与地下水资源量相加,扣除两者之间的重复量求得,也可由地表水资源量加上地下水与地表水资源不重复量求得。根据表 2-1 可知,尽管中国的水资源总量在不同年份有较大幅度的波动,但其绝对水平较高。在 1997~2014 年中,水资源总量最低的年份是 2004 年,当年总共只有 24130 亿 m³ 的水资源;最高的则是 1998 年，当年水资源总量为 34017 亿 m³。在此 18 年间，中国水资源总量年均为 27425 亿 m³。

根据联合国粮农组织水统计数据库（AQUASTAT Database of the Food and Agriculture Organization of the United Nations）提供的数据①，2014 年中国实际可更新水资源量为 28400 亿 m³，在 FAO 水资源统计数据库中有相关数据的 174 个国家和地区中，居巴西、俄罗斯、美国、加拿大之后，排名第五，占全球实际可更新水资源总量的 5.29%。然而，若考察中国的人均水资源量，则会看到完全不同的景象。根据联合国粮农组织水资源统计数据库中的数据，2014 年中国人均水资源量② 为 1993 m³，是世界人均水资源量的 26.51%。在 FAO 水资源统计数据库中有相关数据的 174 个国家和地区中，中国排在第 120 位（见表 2-1）。

表 2-1　中国水资源总量及构成（1997~2014 年）

单位：亿 m³

年份	降水总量	地表水资源量	地下水资源量	地下水与地表水资源重复量	水资源总量
1997	58169	26835	6942	5922	27855
1998	67631	32726	9400	8109	34017
1999	59702	27204	8387	7395	28196
2000	60092	26562	8502	7363	27701
2001	58122	25933	8390	7455	26868
2002	62610	27243	8697	7679	28261
2003	60416	26251	8299	7090	27460
2004	56876	23126	7436	6432	24130
2005	61010	26982	8091	7020	28053
2006	57840	24358	7643	6671	25330
2007	57763	24243	7617	6605	25255
2008	62000	26377	8122	7065	27434
2009	55966	23125	7267	6212	24180

---

① 关于水资源量，FAO 与中国的统计口径存在一定差异。相对而言，FAO 的统计口径更宽，大致相当于在中国的统计口径之外加上了"本国可以利用的、源于国外的水资源"，具体请参见 http://www.fao.org/nr/。

② FAO 提供的人均水资源量是当年该国每位居住人口（Inhabitants）拥有的水资源，所以与其他以人口（Population）为基数计算的人均水资源量有一定差异。

续表

年份	降水总量	地表水资源量	地下水资源量	地下水与地表 水资源重复量	水资源总量
2010	65847	29798	8417	7291	30906
2011	55133	22214	7215	6151	23257
2012	65150	28373	8296	7158	29529
2013	62674	26840	8081	6986	27958
2014	58925	26264	7745	6772	27267
平均	60329	26359	8030	6965	27425

资料来源：《中国水资源公报》（1997~2014 年）。

二、水资源空间分布

中国水资源的空间分布并不平衡，与人口、产出、耕地分布都不协调。由表 2-2 可知，2014 年有 16 个省（自治区、直辖市）的人均水资源量低于全国平均水平（1998.6m³/人）。根据 Engelman 和 Leroy（1993）所提出的标准，北京、天津、河北、山西、辽宁、上海、山东、河南、宁夏 9 个人均水资源量少于 500 m³ 的省级行政区属于严重缺水（Absolute Scarcity）；江苏、甘肃和陕西这三个人均水资源量大于 500 m³ 少于 1000 m³ 的省份处于缺水（Water Scarcity）状态；吉林、安徽、湖北、广东 4 个人均水资源量大于 1000 m³ 少于 1700 m³ 的省份出现用水紧张（Water Stress）现象。

在人均水资源量低于全国平均水平的 16 个省级行政区中，有 2/3 属于北方地区省份。尤其是在 9 个严重缺水的省级行政区中，除了上海之外其他 8 个都位于北方地区。根据水利部发布的《2014 中国水资源公报》，在全国 10 个水资源一级区[①]中，北方 6 区水资源总量为 4658.5 亿 m³，占全国的 17.1%；南方 4 区水

---

　① 全国 10 个水资源一级区包括松花江、辽河、海河、黄河、淮河、西北诸河北方 6 区，以及长江（包括太湖）、东南诸河、珠江、西南诸河南方 4 区。

资源总量为 22608.4 亿 m³，占全国的 82.9%。由此可见，中国南北水资源分布不平衡的特征相当明显，南方水资源丰裕，而北方水资源严重短缺。

进一步看，中国共有 5.57 亿人口生活在处于严重缺水或缺水状态的 12 个省份。其中，有 4.14 亿人口面临严重缺水的威胁，占全国总人口的 30.27%。另外，西藏、四川、广西、湖南、云南是水资源量排在全国前 5 位的省份，其水资源量共占全国的 45.81%，但人口占比却只有 18.03%。也就是说，中国的水资源空间分布与人口分布之间的协调性较低。

在水资源分布与经济产出分布之间也缺乏一致性。2014 年，东、中、西、东北四大经济带① 的地区生产总值之比是 51.16%：10.26%：20.18%：8.40%，而水资源的构成却为 19.02%：20.24%：55.62%：5.12%。换言之，除了中部地区和东北地区的水资源量与经济产出之间有一定协调性之外，东部地区在只有不到全国 1/5 水资源的情况下，贡献了全国一半多的产出，而西部地区虽然有全国 55.62% 的水资源量，其经济产出占全国的比例只有 20%。

在水资源与耕地资源分布方面，中国的耕地有一半多分布在秦岭—淮河以北，但这些地区却大都处于严重缺水或缺水状态。2014 年底北方 14 个省级行政区的耕地面积占全国的 51%，其水资源量占全国的比重却不到 20%。南方地区每公顷耕地占有的水资源量超过 3000m³，是北方地区耕地的 4 倍多（见表 2-2）。

表 2-2　中国省域水资源与人口、地区生产总值和耕地分布状况（2014 年）

省级行政区	水资源总量（亿 m³）	人均占有水资源量（m³/人）	每百元地区生产总值占有水资源量（m³/百元）	每公顷耕地占有水资源量（m³/hm²）
北京	20.3	95.1	0.10	9177
天津	11.4	76.1	0.07	2601
河北	106.2	144.3	0.36	1621
山西	111.0	305.1	0.87	2733
内蒙古	537.8	2149.9	3.03	5846

① 按照中国国家统计局的划分，东部经济带包括北京、天津、河北、上海、江苏、浙江、福建、山东、广东、海南 10 个省级行政区，中部经济带包括山西、安徽、江西、河南、湖北、湖南 6 个省份，西部经济带包括内蒙古、广西、重庆、四川、贵州、云南、西藏、陕西、甘肃、青海、宁夏、新疆 12 个省级行政区，东北部经济带包括辽宁、吉林、黑龙江 3 个省份。

续表

省级 行政区	水资源总量 （亿 m³）	人均占有水资源量 （m³/人）	每百元地区生产总值占有 水资源量（m³/百元）	每公顷耕地占有水 资源量（m³/hm²）
辽宁	145.9	332.4	0.51	2924
吉林	306.0	1112.2	2.22	4367
黑龙江	944.3	2463.1	6.28	5952
上海	47.1	194 8	0.20	25053
江苏	399.3	502.3	0.61	8715
浙江	1132.1	2057.3	2.82	57220
安徽	778.5	1285.4	3.73	13233
福建	1219.6	3218.0	5.07	91103
江西	1631.8	3600.6	10.38	52855
山东	148.4	152.1	0.25	1944
河南	283.4	300.7	0.81	3481
湖北	914.3	1574.3	3.34	17310
湖南	1799.4	2680.1	6.66	43364
广东	1718.4	1608.4	2.53	65543
广西	1990.9	4203.3	12.70	45049
海南	383.5	4266.0	10.95	52773
重庆	642.6	2155.9	4.51	26167
四川	2557.7	3148.5	8.96	37977
贵州	1213.1	3461.1	13.09	26673
云南	1726.6	3673.3	13.47	27760
西藏	4416.3	140200.0	479.60	999615
陕西	351.6	932.8	1.99	8808
甘肃	198.4	767.0	2.90	3689
青海	793.9	13675.5	34.47	134971
宁夏	10.1	153.0	0.37	788
新疆	726.9	3186.9	7.84	14087

注：各省级行政区的每公顷耕地占有水资源量为 2014 年水资源总量除以 2013 年耕地面积后得到的数值。

资料来源：《2014 中国水资源公报》，《中国统计年鉴 2015》。

三、水资源供需形势

通常以用水量与可用水量的比率之高低来衡量水资源供需形势（郭帅、张土乔，2008）。水资源供需形势的紧张程度分为四个等级：较低程度用水紧张，即用水量不到可用水量的10%；中等程度用水紧张，即用水量与可用水量的比率大于10%小于20%；中高程度用水紧张，即用水量与可用水量的比率大于20%小于40%；高度用水紧张，即用水量与可用水量的比率超过40%（郭帅、张土乔，2008）。

在1997~2014年，中国用水量占可用水量的比重平均值为21.19%。也就是说，中国整体上处于中高程度用水紧张状态，供需形势比较严峻。尤其需要注意的是，若以6年为一个时间段来看，近些年来中国水资源供需紧张的形势变得更加严重了。在1997~2002年，中国用水量占可用水量的比重在15.98%~20.72%波动，平均值为19.30%；在2003~2008年，该比率的波动范围变为19.37%~23.04%，平均值上升至21.65%；到2009~2014年，该比率的波动范围变为19.48%~26.26%，平均值进一步提高至22.61%。也就是说，以6年的平均值来判断，中国的水资源供需形势已从中等程度用水紧张变为中高程度用水紧张（见表2-3）。

表2-3 中国用水量、可用水量及其比率（1997~2014年）

年份	用水量（亿 m³）	可用水量（亿 m³）	比率（%）	年份	用水量（亿 m³）	可用水量（亿 m³）	比率（%）
1997	5566	27855	19.98	2007	5819	25255	23.04
1998	5435	34017	15.98	2008	5910	27434	21.54
1999	5591	28196	19.83	2009	5965	24180	24.67
2000	5498	27701	19.85	2010	6022	30906	19.48
2001	5567	26868	20.72	2011	6107	23257	26.26
2002	5497	28261	19.45	2012	6131	29529	20.76

续表

年份	用水量 (亿 m³)	可用水量 (亿 m³)	比率 (%)	年份	用水量 (亿 m³)	可用水量 (亿 m³)	比率 (%)
2003	5320	27460	19.37	2013	6183	27958	22.12
2004	5548	24130	22.99	2014	6095	27267	22.35
2005	5633	28053	20.08	平均	5760	27425	21.19
2006	5795	25330	22.88				

资料来源:《中国水资源公报》(1997~2009 年)。

四、水资源使用结构

在用水总量缓慢上升的同时,中国用水增长的结构特征十分明显。具体而言,就是农业用水比重持续下降,工业与生活用水占比不断提高。由表 2-4 可知,虽然农业用水量受气候影响上下波动较大,但其占用水总量的比重基本呈下降趋势。1949 年,中国用水总量为 1031 亿 m³,其中 97.1%用于农业,到 2014 年已降至 63.5%。

与此同时,随着工业化和城镇化的不断推进,中国的工业用水和生活用水迅速增长,两者在用水总量中的比重也在逐渐提高。工业用水占比从 1949 年的 2.3%提高至 2014 年的 22.2%,同期城乡生活用水由 0.6%上升到 12.6%。此外,在生态环境保护日益受到重视的情况下,中国的生态环境用水量快速增长,从最早有此项统计数据的 2003 年 80 亿 m³ 增加到 2014 年的 104 亿 m³,12 年内提高了 30%,而其占用水总量的比重亦由 2003 年的 1.5%上升至 2014 年的 1.7%(见表 2-4)。

表 2-4 中国用水总量及构成 (1949~2014 年)

年份	用水总量 (亿 m³)	农业用水 (亿 m³)	工业用水 (亿 m³)	生活用水 (亿 m³)	生态用水 (亿 m³)
1949	1031	1001	24	6	—
1959	2048	1938	96	14	—

续表

年份	用水总量 （亿 m³）	农业用水 （亿 m³）	工业用水 （亿 m³）	生活用水 （亿 m³）	生态用水 （亿 m³）
1965	2744	2545	181	18	—
1980	4408	3760	418	230	—
1990	4867	3823	692	352	—
1993	5198	3817	906	475	—
1995	5304	3896	984	425	—
1997	5566	3920	1121	525	—
1998	5435	3767	1126	542	—
1999	5591	3869	1159	563	—
2000	5498	3784	1139	575	—
2001	5567	3824	1141	601	—
2002	5497	3738	1143	616	—
2003	5320	3511	1176	633	80
2004	5548	3662	1232	655	83
2005	5633	3673	1284	676	90
2006	5795	3755	1344	695	93
2007	5819	3602	1402	710	105
2008	5910	3664	1401	727	118
2009	5965	3723	1391	748	103
2010	6022	3691	1445	765	120
2011	6107	3744	1462	790	112
2012	6131	3899	1379	742	110
2013	6183	3920	1410	748	105
2014	6095	3870	1353	768	104

资料来源：1949 年、1959 年、1965 年、1980 年、1990 年数据来源于《水利辉煌 50 年》；1993 年数据来源于《21 世纪中国水供求》；1995 年数据取自《全国水资源综合规划》第一阶段调查评估成果；其他年份数据均来源于《中国水资源公报》（1997~2014 年）。

五、供水量水源构成

为满足用水户的需求，要从各种水源为其供水。按受水区分地表水源、地下水源和其他水源。从时间序列上看，在 1997~2014 年，中国供水量来源结构基本稳定。地表水一直都是中国的第一水源，其在供水总量中的比重几乎每年都在80%以上，仅有2001年略低于此比例；地下水占供水总量比重的波动幅度稍微大一点，其波动范围在18.3%~19.7%；包括污水处理回用、集雨工程、海水淡化等水源工程的供水量在内的其他水源在供水总量中的比重很低，但近些年来有稳步提高的趋势，2014年已上升至0.9%（见表2-5）。

表2-5 中国供水量水源构成（1997~2014年）

年份	地表水源占比（%）	地下水源占比（%）	其他水源占比（%）	年份	地表水源占比（%）	地下水源占比（%）	其他水源占比（%）
1997	81.2	18.3	0.5	2007	81.2	18.4	0.4
1998	80.8	18.8	0.4	2008	81.2	18.3	0.3
1999	80.5	19.1	0.4	2009	81.1	18.4	0.5
2000	80.3	19.3	0.4	2010	81.1	18.4	0.5
2001	79.9	19.7	0.4	2011	81.1	18.2	0.7
2002	80.1	19.5	0.4	2012	80.8	18.5	0.7
2003	80.6	19.1	0.3	2013	81.0	18.2	0.8
2004	81.2	18.5	0.3	2014	80.8	18.3	0.9
2005	81.2	18.4	0.4	平均	80.86	18.66	0.48
2006	81.2	18.4	0.4				

资料来源：《中国水资源公报》（1997~2014年）。

然而，分区域看中国各地的供水量来源结构，就会发现存在巨大差异。根据《2014中国水资源公报》数据，在各水资源分区中，南方4区供水量3314.7亿 m³，占全国总供水量的54.38%；北方6区供水量2780.2亿 m³，占全国总供水量的45.62%。南方4区均以地表水源供水为主，其供水量占总供水量的95%左右；北方6区供水组成差异较大，除西北诸河区地下水供水量只占总供水量的24.03%外，其余5区地下水供水量均占有较大比例，其中海河区和辽河区的地下水供水量分别占总供水量的59.3%和50.6%（见表2-6）。各省级行政区中，南方省份地表水供水量占其总供水量比重均在90%以上，而北方省份地下水供水量则占有相当大的比例，其中河北、北京、山西、河南4个省（直辖市）地下水供水量占总供水量的一半以上（见表2-7）。

表 2-6　中国各水资源一级区供水量水源构成（2014 年）

水资源一级区	地表水供水量 （亿 m³）	地下水供水量 （亿 m³）	其他水源供水量 （亿 m³）	总供水量 （亿 m³）
北方 6 区	1750.5	989.3	40.3	2780.2
松花江	288.5	218.6	0.9	507.9
辽河	97.7	103.7	3.4	204.8
海河	132.9	219.7	17.8	370.4
黄河	254.6	124.7	8.2	387.5
淮河	452.6	156.4	8.3	617.4
西北诸河	524.4	166.3	1.6	692.2
南方 4 区	3169.9	127.7	17.1	3314.7
长江	1919.7	81.3	11.7	2012.7
其中：太湖	338.2	0.3	5.0	343.5
珠江	824.6	33.1	3.9	861.6
东南诸河	326.9	8.3	1.4	336.5
西南诸河	98.7	5.0	0.1	103.8

资料来源：《2014 中国水资源公报》。

表 2-7　中国各省级行政区供水量水源构成（2014 年）

省级行政区	地表水供水量 （亿 m³）	地下水供水量 （亿 m³）	其他水源供水量 （亿 m³）	总供水量 （亿 m³）
北京	9.3	19.6	8.6	37.5
天津	15.9	5.3	2.8	24.1
河北	46.8	142.1	4.0	192.8
山西	32.8	35.1	3.5	71.4
内蒙古	89.1	90.8	2.2	182.0
辽宁	80.0	58.4	3.3	141.8
吉林	87.5	44.9	0.6	133.0
黑龙江	196.3	167.6	0.2	364.1
上海	105.9	0.1	—	105.9
江苏	474.7	9.7	6.9	591.3
浙江	189.7	2.2	0.9	192.9
安徽	239.9	30.3	1.8	272.1
福建	198.5	6.5	0.7	205.6
江西	248.3	9.1	2.0	259.3
山东	121.3	86.0	7.3	214.5
河南	88.6	119.4	1.3	209.3
湖北	279.1	9.2	—	288.3
湖南	314.6	17.8	0.02	332.4

续表

省级行政区	地表水供水量 (亿 m³)	地下水供水量 (亿 m³)	其他水源供水量 (亿 m³)	总供水量 (亿 m³)
广东	425.5	15.3	1.7	442.5
广西	295.2	11.6	0.8	307.6
海南	41.9	3.0	0.1	45.0
重庆	78.9	1.5	0.1	80.5
四川	217.9	17.3	1.7	236.9
贵州	90.9	2.8	1.1	95.3
云南	142.5	5.8	1.1	149.4
西藏	26.7	3.8	—	30.5
陕西	55.2	33.3	1.3	89.8
甘肃	90.9	28.1	1.6	120.6
青海	22.6	3.6	0.1	26.3
宁夏	64.7	5.5	0.2	70.3
新疆	449.4	131.4	1.1	581.8

资料来源:《中国统计年鉴2015》。

六、水资源利用情况

水资源有多种用途,不同领域的用水效率需要采用不同的指标。从时间序列的角度看,在1997~2014年,中国的人均用水量呈现先下降后上升的态势;城镇居民人均生活用水量经历了先降低后保持相对稳定的过程,自2003年以来,除少数年份之外,其他年份基本保持在212L/人·日的水平;农村居民人均生活用水量则表现出先下降后提高的趋势,但其绝对水平仍然大幅低于城镇居民,以2014年为例,农村居民人均生活用水量仅为城镇居民的38%;农田实际灌溉亩均用水量基本上是在逐年降低。体现国民经济总产出用水效率和工业产出用水效率的指标万元GDP用水量和万元工业增加值用水量基本上都是先上升后下降(见表2-8)。

表 2-8 中国主要用水效率指标（1997~2014 年）

单位：亿 m³

年份	人均用水量（m³/人）	城镇人均生活用水量（L/人·日）	农村人均生活用水量（L/人·日）	万元 GDP用水量（m³/万元）	万元工业增加值用水量（m³/万元）	农田灌溉亩均用水量（m³/亩）
1997	458	220	84	726	363	492
1998	435	222	87	737	374	488
1999	440	227	89	789	390	484
2000	430	219	89	768	378	479
2001	436	218	92	790	378	479
2002	428	219	94	798	374	465
2003	412	212	68	733	388	430
2004	427	212	68	718	382	450
2005	432	211	68	609	415	448
2006	442	212	69	614	437	449
2007	442	211	71	590	370	434
2008	446	212	72	546	335	435
2009	448	212	73	549	347	431
2010	450	193	83	500	323	421
2011	454	198	82	465	294	415
2012	454	216	79	425	263	404
2013	456	212	80	393	255	418
2014	447	213	81	349	229	402
平均	441	213	79	617	350	446

注：万元 GDP 用水量和万元工业增加值用水量均为 1997 年定基可比数据，其中价值量指标 GDP 和工业增加值分别根据 GDP 缩减指数和工业增加值缩减指数换算成 1997 年可比数据。

资料来源：《中国水资源公报》（1997~2014 年），《中国统计年鉴 2015》。

从国际比较的角度看，高收入国家的人均用水量明显高于中高、中低收入国家，而其农业用水比重又显著低于中高、中低收入国家。就万美元 GDP 用水量和万美元工业增加值而言，高收入国家最低，中高收入国家略高，中低收入国家最高。[①] 这在一定程度上说明，水资源利用效率与经济发展水平有较大关系。

---

① 需要说明的是，由于各国用水总量和工业用水量的数据年份并不一致，因此表 2-9 中相关指标值只能作为一个参考。由于中国的用水总量和工业用水量是 2005 年数值，略低于 2008 年的数值，而 GDP 及工业增加值等价值量指标用的是 2008 年数值。因此，以 2008 年为比较基准，中国的万美元 GDP 用水量和万美元工业增加值用水量实际值比表中数据要略高；对于高收入国家而言，其用水总量和工业用水量都相对稳定而且呈下降态势，因此其实际值应该比表中数据要略低；相反，中高收入国家和中低收入国家的用水量总量和工业用水量一般都会逐年增加，所以其实际值应该比表中数据要高一些（菲律宾和印度的用水量分别是 2009 年和 2010 年数值，其实际值应比表中数据低）。考虑到一个国家的用水效率不会在短期内大幅度提高，于是，如果表中任意两个国家的用水效率差别较大，那么即使表中的数据计算基础存在一定不足，在此基础上进行比较得到的结论仍然有参考的价值。

对于中国而言，在人均水资源量偏低的情况下，其万美元 GDP 用水量比日本、美国、德国等高收入国家和俄罗斯、墨西哥、巴西等中高收入国家都要高，比印度等中低收入国家低。具体而言，中国的万美元 GDP 用水量是英国的 25 倍多、德国的 14 倍多。这其中固然有中国的农业用水比重比英国和德国高不少，而农业单位产出耗水量大的原因，但与日本、西班牙、韩国、阿根廷、南非等农业用水比重相近的国家相比，中国的万美元 GDP 用水量仍然要高出许多。这可能与中国的产业结构有关。也就是说，在扣除农业用水后，中国其余水资源可能更多用在工业生产上了，而第三产业用水和生活用水比例相对偏低。实际上，中国的城乡生活用水比重一直都比较低。在城镇化率多年大幅度提高后，到 2014 年，中国城乡生活用水占全部用水量的比重也只有 12.6%。

进一步看，就工业用水效率而言，与高收入国家相比，中国的万美元工业增加值用水量比韩国、日本、英国、西班牙、德国、意大利、法国等国家都高，但低于美国和加拿大；与中高收入国家相比，中国的万美元工业增加值用水量仅低于俄罗斯，而远高于南非、墨西哥、巴西和阿根廷；与中低收入国家相比，中国的万美元工业增加值用水量高于印度。这可能与中国的工业结构相对偏重（即电力、石油化工等耗水量大的行业在工业中的比重较高），以及工业节水技术相对落后有关。后面的章节将会深入分析这些问题（见表 2-9）。

表 2-9　世界部分国家水资源利用效率比较

国家		人均 GDP（美元）	人均水资源量（m³/人）	人均用水量（m³/人）	农业用水比重（%）	万美元 GDP 用水量（m³/万美元）	万美元工业增加值用水量（m³/万美元）
高收入国家	日本	38212	3378	708.4	63.1	184.51	115.64
	美国	46971	9847	1550	40.2	334.62	734.76
	德国	44264	1872	392.3	0.3	88.87	248.45
	英国	43277	2392	201.5	9.9	48.88	117.63
	法国	44117	3401	512.4	12.4	111.66	387.03
	加拿大	45003	87255	1468	11.8	306.65	658.10
	意大利	38382	3210	788.6	44.1	197.74	262.72
	以色列	27652	252	281.9	57.8	96.68	—
	西班牙	34988	2506	729.8	60.5	203.65	158.10
	韩国	19162	1447	542.5	62.0	273.46	90.96

续表

国家		人均 GDP （美元）	人均 水资源量 （m³/人）	人均 用水量 （m³/人）	农业用水 比重 （%）	万美元 GDP 用水量 （m³/万美元）	万美元工业 增加值用水量 （m³/万美元）
中高收入国家	俄罗斯	11700	31883	455.5	19.9	398.59	662.31
	墨西哥	10307	4212	735.1	76.7	727.99	187.52
	巴西	8628	42886	305.4	54.6	351.38	219.13
	阿根廷	8191	20410	854.5	66.1	997.01	420.52
	南非	5642	1007	270.6	62.7	454.09	107.56
	中国	3414	2112	414.6	64.6	1225.39	605.10
中低收入国家	乌克兰	3899	3035	801.2	51.2	2133.57	2014.05
	埃及	1997	703	937	86.4	4194.39	646.44
	菲律宾	1921	5302	902.7	82.2	4698.09	1485.79
	越南	1047	10151	952.6	94.8	9086.80	851.30
	印度	1065	1618	644.1	90.4	6269.66	500.21

注：①国家分组依据为 World Bank List of Economies（18 July 2011）。②人均 GDP 为 2008 年现价美元值。③人均水资源量为 2008 年数值。④人均用水量指标中，日本、意大利、阿根廷、埃及、乌克兰等国为 2002 年值；西班牙、墨西哥为 2008 年值；菲律宾为 2009 年值，印度为 2010 年值；其他国家为 2007 年值。⑤农业用水比重指标中，日本、俄罗斯为 2001 年值；韩国为 2002 年值；以色列为 2004 年值；中国、美国、越南为 2005 年值；巴西、英国为 2006 年值；法国、德国为 2007 年值；墨西哥、西班牙为 2008 年值；菲律宾为 2009 年值；印度为 2010 年值；其他国家为 2000 年值。⑥计算"万美元 GDP 用水量"和"万美元工业增加值用水量"时需要用到的各国 GDP 和工业增加值数据均为 2008 年现价美元值，需要用到的各国用水总量都是与其农业用水比重指标相同年份的数值；在工业用水量方面，除日本（2000年）、英国（2000 年）、阿根廷（2000 年）、南非（2005 年）、乌克兰（2005 年）之外，其他国家工业用水量都是与其农业用水比重指标相同年份的数值。⑦以色列的工业用水量数据缺失。⑧由于统计口径不同，此表中有关中国的指标值与本章其他地方根据中国统计数据计算的结果有一定差异。

资料来源：各国 GDP 人均 GDP 以及工业增加值等价值量指标数值取自 World Bank World Development Indicators；水资源数据来源于 FAO AQUASTAT Database。

七、小结

根据本章所做简要分析，中国的水资源具有以下特点：

● 总量较多、人均占有量少。

● 空间分布不均匀，南多北少、东多西少，与人口、耕地和经济产出的分布不匹配。

● 供需形势日益严峻，已从中等程度用水紧张变为中高程度用水紧张。

● 工业用水、农业用水、生活用水及生态环境用水比例持续发生变化，工业用水和生活用水两者所占比重逐年提高，农业用水比重下降。

● 南方地区供水以地表水源为主，北方许多地区供水高度依赖地下水源。

● 用水效率基本呈现提高趋势，但与高收入国家、中高收入国家相比，中国水资源利用效率明显偏低。

第三章　中国水资源消费与经济增长的内在依存关系

作为一种重要的经济资源，水是工业、农业、服务业等产业经济活动不可或缺的物质基础。从逻辑上讲，经济发展是驱动水资源消费量持续增长的内在因素。[1]具体而言，经济发展的总量规模、增长速度和结构变化会显著地影响水资源消费总量和结构的变化。例如，工业化作为经济发展的重要方面，其对水资源消费的推动作用具有明显的阶段性。在工业化的初期和中期，资源密集型行业的比重较高，资源要素投入在工业增长中起着重要作用，此时水资源消费量呈现与工业经济总量同时增加的态势；在工业化的中后期，工业增长对资源要素投入的依赖程度下降，并且知识密集型的高技术产业在工业中的比重逐渐提高，于是水资源消费量不再随工业经济总量的增加而上升，工业用水量可能会保持在相对稳定的水平，甚至会出现负增长。当然，理论逻辑在现实经济中的体现方式多种多样。需要采用合理的研究方法对相关数据资料进行分析才能得出可靠的判断。

在中国，水资源消费与经济增长之间是否存在依存关系？如果存在，究竟是什么样的关系？两者之间的变化规律如何判断？尤其是，中国水资源消费的峰值是否已经出现？如果没有，预计何时将会出现？水资源消费的峰值预计会有多

---

[1] Ehrlich 和 Holdren（1971）提出的用于评估环境压力的 IPAT 公式（IPAT Formula）就强调了经济发展对环境的影响，其中的 A 就代表人均 GDP 的影响，即所谓的收入效应（Income Effect）。只不过他们的分析更多强调经济活动对环境的影响，即环境是作为人类活动的被动影响对象出现的，而本章以及全书的分析着眼于经济活动所带动的对水资源的消费。

高？如此等等，都是中国水资源利用效率分析的基础。

基于此，本章首先简单介绍考察中国水资源消费与经济增长关系的主要文献，然后运用 Granger 因果关系检验方法对全国的时间序列数据进行分析，接着再利用面板数据计量方法分析省级面板数据，最后是对两项实证分析结果的总结。

一、水资源消费与经济增长关系研究文献简述

就现有的研究文献而言，国外有关水资源消费与经济增长关系的研究基本上都集中在证明是否存在水资源库兹涅茨曲线（Kuznets Curve）上，即水资源消费与国民收入之间的关系是否可以用倒 U 型曲线来表示（Katz，2008）。不同的文献利用的模型不同、国别和地区不同、样本数据不同、参数估计与假设检验方法不同、时间间隔不同，得到的研究结论自然会出现差异。例如，Gleick（2003）的实证分析结果指出，在人均水资源消费和人均收入之间并不存在倒 U 型库茨涅茨曲线。但 Goklany（2002）的分析表明，美国的人均农业用水与人均收入之间存在倒 U 型曲线关系；Jia 等（2006）的研究表明，在绝大多数 OECD 国家，其工业用水与人均收入之间服从库兹涅茨曲线；Bhattarai（2004）发现，热带地区国家农业灌溉用水与经济增长之间的关系呈现先上升、后稳定、再下降的倒 U 型关系。Katz（2008）针对 OECD 国家和美国的面板数据利用广义最小二乘法（GLS）对固定效应模型进行估计，得到的结果表明在人均用水量和经济增长之间存在库兹涅茨曲线。但他同时指出，对水资源消费量与经济增长之间关系进行估计所得到的结果，高度依赖于估计方法。具体而言，如果使用参数估计法，就会发现两者之间存在倒 U 型关系；但若采取非参数法进行估计，就会发现两者之间的关系并不服从库兹涅茨曲线。

国内学者分析水资源消费与经济增长的关系的主要文献可以分为三类。第一类文献综合考虑了影响中国水资源需求的多种因素，并力图通过建立预测模型对

中国中长期水资源需求进行预测，代表性文献有水利部南京水文水资源研究所、中国水利水电科学研究院水资源研究所（1999），刘昌明、陈志恺（2001），沈福新等（2005）。这些研究深化了水资源需求影响因素的分析，但其"自底向上"（Bottom-up）的建模思路要求研究者不能遗漏重要的影响因素，否则就会影响到预测结果的稳健性。现实世界之复杂，影响水资源消费的因素之多，使得这几乎成了不可能完成的任务。正如王浩（2010）所总结的那样，有关中国水资源需求的中长期预测偏差都比较大。

第二类文献主要利用北京、陕西等省级行政区的数据，重点分析工业用水的影响因素，并对其进行预测，代表性文献有曹型荣（2003）、熊义杰（2005）、张彪等（2006）以及段志刚等（2007）等。这类文献的数据基础相对扎实，更注重让数据"自己说话"，倾向于从数据中发现规律。这些研究成果在一定程度上丰富了有关地区用水量增长情况及变化趋势的认识。但各项研究所依赖的基础都是单个省级行政区的数据，受此影响其分析结论的代表性自然不强。

第三类文献主要是把中国各类用水效率指标与日本、德国等发达国家相应指标值进行比较，并介绍发达国家用水总量或各部门用水量出现峰值时的 GDP 水平、产业结构等，然后得出未来中国水资源消费量的增长趋势。代表性文献有王浩等（2004），贾绍凤、张士峰（2004）等。这些分析让我们看到了中国水资源利用效率与发达国家的差距，也能在一定程度上为中国提高水资源利用效率的努力方向提供一些趋势性判断。然而，这些研究基本上都忽视了中国的经济发展在过去、现在及未来都可能与发达国家存在明显的差异，因此简单地依据两者水资源利用效率之差去推算中长期水资源需求，很可能会出现显著的偏差。

综上所述，不同国家或地区的水资源消费与经济增长之间的内在依从关系目前尚未有定论。即使是同一个国家的不同发展时期，其内在的依从关系也可能不尽相同。造成这种复杂局面的原因很多。例如，一方面，不同国家有不同的经济结构和体制，而相同国家在不同的发展时期也会有不同的水资源政策和经济政策，这些应被视为分析结论千差万别的主要原因。另一方面，现有相关进行计量分析的文献基本上都是在线性假设的前提下进行的研究，而对经济增长同水资源消费之间究竟是不是线性关系并未进行严格的经济计量学检验，而且不同文献在研究水资源消费与经济增长之间的关系时所采用的方法不尽相同，有些方法甚至存在明显的缺陷或不足。例如，在 Katz（2008）最近的研究中，即便其采用了面板数据估计技术后，能避免一些因遗漏变量而产生的偏误，以及应用联立方程进行估计时可能存在的联立性偏误，但是，由于使用年度数据进行分析时，无法消除经济周期因素的影响，而且差分面板估计中的工具变量所起的作用经常会受到削弱，这在样本有限时就会导致偏误的出现，进而使结论的稳健性受到一定影响。

本章将运用 Granger 因果关系检验和面板数据计量分析两种方法分别对全国的时间序列数据和省级的面板数据进行分析，以探讨中国的水资源消费与经济增长之间的关系。从理论上讲，仅从经济增长角度无法解释水资源消费量及其变化的全部内容，而应从水资源时空分布、水资源价格、产业结构、产业政策等角度进行全面系统的分析。本章的重点在于揭示中国经济增长与水资源消费之间内在的关系。在本章的模型分析中，这些影响因素会以隐性的方式体现出来。此外，在我们的阅读范围内，目前还没有发现一种特别有效的方法，能将各变量对水资源消费的单独影响或贡献进行分离。这可能会是未来模型技术发展的一个方向，但不是本章及全书所要研究的问题。

二、时间序列数据分析

（一）　变量选择和样本数据

从时间序列的角度揭示中国水资源消费与经济增长之间的内在依存关系，最佳的选择是以长时间序列的全国水资源消费量和 GDP 数据为基础。在现有统计资料中，可以找到 1949 年以来的 GDP 时间序列数据；但水资源消费量（用水量）数据在 1997 年之前并不连续，仅有 1949 年、1959 年、1965 年、1980 年、1990 年、1993 年和 1995 年 7 年的数据，其余 41 年的数据缺失。由于数据缺失的年份远多于有资料的年份，无法通过常规的处理方法补齐时间序列数据来进行分析。因此，需要另辟蹊径寻找其他有代表性的数据，并以其为基础进行分析。

在现有统计资料中，关于水资源消费相对而言最完整的时间序列数据是中国国家统计局于 2009 年 9 月编制发行的《新中国 60 年》中表 26 提供的资料。该表给出了 1952~2008 年除 1961 年、1964 年以及 1966~1971 年之外的 49 年的全国城市供水总量、全国城市生活用水量数据，以及 1953~2008 年除 1961 年、1964 年以及 1966~1971 年之外的 48 年的全国城市生产用水量。

尽管 1985 年之后中国城市供水总量急剧上升，而且波动幅度较大。但在此之前，其增长趋势相对平稳。事实上，1984 年是中国改革战略开始从农村转向城市的起始点。[①] 此前，在中国的城市实行集中计划经济体制。[②] 在集中计划经济体制下，物资平衡是社会总供给和总需求平衡的重要保障，各类重要资源的年度增长目标都由政府计划部门确定和控制，基本实行"以供定需"的政策。城市供水管道及水处理设施等基础设施建设又属于财政平衡的重要内容。换言之，1985 年之前中国城市供水量增长态势基本保持不变有其制度根源。

进一步而言，尽管《新中国 60 年》中表 26 提供的各年生活用水量与生产用水量之和都少于供水总量[③]，但考虑到水是消耗物资，基本不存在企业或家庭存储大量水的现象，因此本章用该表中的供水总量数据作为用水总量指标的值（如图 3-1）。

---

① 1984 年 6 月，时任中共中央政治局委员、中央军委主席、中共中央顾问委员会主任的邓小平在会见日本外宾时指出，在农村改革见效后，"改革要从农村转到城市。城市改革不仅包括工业、商业，还有科技、教育等，各行业都在内"（参见《邓小平文选》第 3 卷，第 65 页）。

② 严格地讲，中国城市地区的经济体制改革应该是从 1976 年开始的。1976 年"四人帮"被粉碎以后的改革，就是从扩大企业自主权开始的。这也是中国增量改革战略形成的起点。但在 1984 年中共中央决定在城市推行全面改革战略之前，以"双轨制"为主要特征的城市地区改革的影响力度相对较小（参见吴敬琏. 当代中国经济改革［M］.上海：上海远东出版社，2003）。

③ 即便不考虑生态环境用水的因素，由于用水的主体众多，在统计用水量时很可能会出现遗漏，而城市供水主体相对较少，以其为基础的统计数据可靠性更强。基于此，统计资料中出现用水量低于供水量的现象并非不可接受。在此情况下，更合理的选择是用供水量的统计值作为用水量指标的实际值。

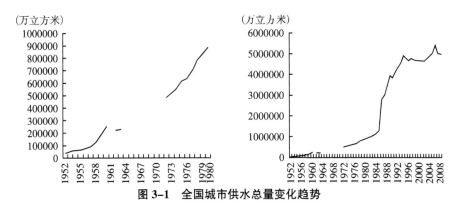

图3-1 全国城市供水总量变化趋势

注：左图为1952~1980年全国城市供水总量变化趋势，右图为1952~2008年全国城市供水总量变化趋势。

资料来源：《新中国60年》。

确定用水量指标后，再来看与此相对应的城市经济增长指标。从理论上讲，GDP是刻画经济总量增长最有代表性的指标。但由于无法找到1985年以前的城市GDP数据，因此用城镇居民家庭人均可支配收入作为衡量经济增长的指标。由于经济增长对水资源消费量的主要影响机制是收入效应，在分析两者之间的关系时，用收入数据来表示经济增长并不失一般性。事实上，国外学者研究此类问题时，即使在GDP数据可得的情况下，仍然使用人均收入数据。[①]中国国家统计局编制发行的《新中国55年统计资料汇编》中表1-30提供了1978~2004年城镇居民家庭人均可支配收入数据；《中国统计年鉴2010》中表10-2提供了2004~2009年城镇居民家庭人均可支配收入数据。为消除价格因素的影响，根据城镇居民家庭人均可支配收入指数将各年的数值调整为1978年定基可比数值。调整后的1978~2008年中国城镇居民家庭人均可支配收入变化趋势（如图3-2所示）。基于上述原因，本节时间序列分析的变量和数据基础是：①经济增长变量，以1978~2008年中国城镇居民家庭人均可支配收入（DI）来表示；②水资源消费量，以1978~2008年全国城市供水总量（WATC）来表示。

[①] 参见Goklany（2002）、Gleick（2003）、Bhattarai（2004）、Jia等（2006）以及Katz（2008）等。

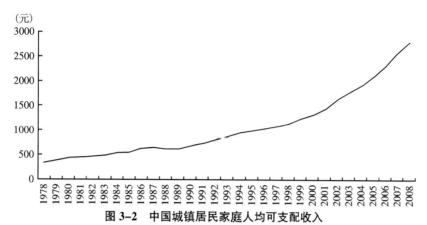

图 3-2　中国城镇居民家庭人均可支配收入

注：图中各年数值为经过调整后的 1978 年定基可比数据。

资料来源：1978~2004 年数据来源于《新中国 55 年统计资料汇编》；2005~2008 年数据取自《中国统计年鉴 2010》。

（二）Granger 因果关系检验

为了消除可能存在的异方差的影响，我们对年度 DI 和 WATC 的数值均进行取对数，分别得到 lnDI 和 lnWATC 序列，并且给出了这两组变量水平序列及一阶差分序列 dlnDI 和 dlnWATC 的趋势图（如图 3-3 和图 3-4 所示）。

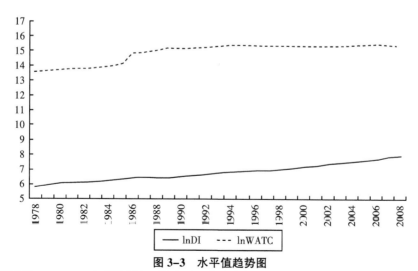

图 3-3　水平值趋势图

资料来源：1978~2004 年数据来源于《新中国 55 年统计资料汇编》；2005~2008 年数据取自《中国统计年鉴 2010》。

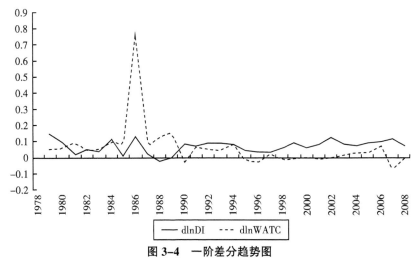

图 3-4　一阶差分趋势图

资料来源：1978~2004 年数据来源于《新中国 55 年统计资料汇编》；2005~2008 年数据取自《中国统计年鉴 2010》。

进一步说，要探讨中国经济增长与水资源消费之间的内在结构依从关系，首先需要确认时间序列的平稳性。[1]下面运用时间序列分析中常用的增广 Dickey-Fuller 检验，来检验 lnDI 和 lnWATC 序列的平稳性。根据图 3-3 不难发现，水平变量 lnDI 和 lnWATC 的取值并没有表现出平稳性；但由图 3-4 可知，两个水平变量的一阶差分序列 dlnDI 和 dlnWATC 表现出一定的平稳性特征。

ADF 的检验结果确认了这一直观判断。根据表 3-1，在包含截距项和趋势项的情况下，不论滞后阶数是 0 还是 2，dlnDI 在 1% 的显著性水平上都是平稳的。在滞后阶数为 2，检验形式包含截距项但没有趋势项的情况下，dlnWATC 序列在 1% 的显著性水平上是平稳的；在滞后阶数同样为 2，检验形式既包含截距项又有趋势项的情况下，dlnWATC 序列在 5% 的显著性水平上是平稳。对于水平变量 lnDI 和 lnWATC 而言，不论采用何种检验形式，也不论滞后阶数为多少，在 10% 的显著性水平上都没有表现出平稳性（见表 3-1）。

---

① 进行 Granger 因果关系检验之前，必须先检验时间序列的平稳性，即检验序列是否服从单位根过程。如果对不平稳的时间序列直接进行 Granger 因果关系检验，就可能会出现虚假回归问题，从而使得检验结果的稳健性受到影响。

表 3–1　单位根检验结果

变量	ADF 检验					
	统计量	临界值	DW	AIC	SC	检验形式 (c, t, k)
lnDI	−0.520860	−3.218382	1.521822	−3.488485	−3.348365	(c, t, 0)
dlnDI	−7.968955	−3.225334***	2.048279	−3.179897	−3.037161	(c, t, 0)
lnWATC	−2.280627	−2.625121	2.070873	−0.960956	−0.770641	(c, 0, 2)
dlnWATC	−3.798157	−3.711457***	2.017338	−0.536447	−0.342894	(c, 0, 2)
lnDI	−0.810934	−3.225334	1.920602	−3.607272	−3.369379	(c, t, 2)
dlnDI	−4.460404	−4.356068***	2.061576	−3.198081	−2.956140	(c, t, 2)
lnWATC	−1.251532	−3.225334	2.073447	−0.889767	−0.651873	(c, t, 2)
dlnWATC	−3.734631	−3.595026**	2.021383	−0.464994	−0.223052	(c, t, 2)

注：①在临界值一列中，** 和 *** 分别代表5%和1%的显著性水平，未标注者为10%显著性水平；②在检验形式一列中，c 代表截距项，t 代表趋势项，k 代表滞后阶数。

根据上述 ADF 检验结果判定，lnDI 和 lnWATC 序列均为一阶非平稳序列，即 I(1) 序列，而格兰杰因果关系检验[①]对变量的平稳性非常敏感，所以以一阶差分序列 dlnDI 和 dlnWATC 为基础进行检验。根据表 3–2 的检验结果，在滞后一阶的情况下，可在 10%的显著性水平下拒绝"dlnDI 不是 dlnWATC 的格兰杰原因"的原假设，并接受"dlnWATC 不是 dlnDI 的格兰杰原因"的原假设。而在滞后二阶和三阶的情况下，均可在 5%的显著性水平下接受"dlnDI 不是 dlnWATC 的格兰杰原因"的原假设，并分别在 5%和 1%的水平上拒绝"dlnWATC不是 dlnDI 的格兰杰原因"的原假设。

Granger 因果关系检验的结果符合直观判断。在滞后一阶的情况下，拒绝"dlnDI 不是 dlnWATC 的格兰杰原因"的原假设，并接受"dlnWATC 不是 dlnDI 的格兰杰原因"的原假设；但在滞后二阶和三阶的情况下，接受"dlnDI 不是 dlnWATC 的格兰杰原因"的原假设，并拒绝"dlnWATC 不是 dlnDI 的格兰杰原因"的原假设。这意味着，体现为中国城镇居民人均可支配收入提高的经济增长在短期内可能会导致城市用水量提高，但长期看来水资源消费量的提高是驱动经

———————————

①　格兰杰因果关系检验是时间序列分析中很成熟的方法，所以本节不介绍其原理，具体可参见任意有关时间序列分析的著作或教材。

济增长的原因之一[1]（见表3-2）。

表3-2　Granger 因果关系检验结果

原假设	滞后阶数	观测值	F 统计量	P 值
dlnDI 不是 dlnWATC 的格兰杰原因	1	29	2.92388	0.0992
dlnWATC 不是 dlnDI 的格兰杰原因			2.80327	0.1061
dlnDI 不是 dlnWATC 的格兰杰原因	2	28	3.26433	0.0565
dlnWATC 不是 dlnDI 的格兰杰原因			4.48044	0.0227
dlnDI 不是 dlnWATC 的格兰杰原因	3	27	3.08491	0.0506
dlnWATC 不是 dlnDI 的格兰杰原因			5.80256	0.0051

三、省级面板数据分析

上一节的时间序列分析结论在一定程度上表明中国的经济增长与水资源消费量之间的内在依存关系。但由于数据资料的限制，其分析基础存在两方面的局限。一是相关变量的取值范围都是城市地区，在将分析结论推广至包括农村地区在内的全国时面临一些挑战。二是年度频率序列数据的跨度不长，这会导致分析结果的稳健性可能存在不足。为了进一步确认中国经济增长与水资源消费之间的关系，还要利用更有代表性的数据进行分析，以提供强化或否定上述分析结论的可靠性更强的证据。

面板协整和回归分析方法的应用和发展，使得在由时间和横截面构成的二维空间中反映变量间的变化特征和规律成为可能，从而可以有效克服单一国家层次总量数据时间跨度较短导致样本信息量较小的不足，在模型设定、控制面板个体单位行为差异等方面具有更大的灵活性。另外，面板技术还具有减少变量间多重

---

[1] 需要说明的是，格兰杰因果关系检验只是一种统计意义上的检验。从本节的格兰杰检验结果看，长期而言，水资源消费是驱动经济增长的原因，只能作为两者之间可能存在真正的因果性的一个证据，具体还要根据经济理论进行进一步的分析。

共线性以及提高模型预测精确度等优势。[①]

（一）研究方法和样本数据

1. 研究方法

本节采用 Pedroni（1999）提出的面板协整检验方法来检验面板数据序列之间的协整关系，并运用面板回归分析研究中国水资源消费与经济增长间关系。回归分析首先要求面板数据序列协方差平稳。在采用面板单位根检验序列的平稳性时，为了保证检验结果的稳健性，本节采用了多种检验方法。

（1）面板单位根检验。传统的单位根检验（例如 ADF 检验）由于其检验的"势"（Power）相对较低，不能有效捕捉面板数据的时间序列和截面信息。面板数据的单位根检验，主要有以下五种方法：LLC 检验（Levin、Lin & Chu，2002）、IPS 检验（Im、Pesaran & Shin，2003）、Breitung 检验（Breitung，2000）、Fisher ADF 和 PP 检验（Maddala & Wu，1999）、Hadri 检验（Hadri，2000）。

本节进行面板数据的单位根检验时，采用的检验方程形式如下：

$$\Delta y_{it} = \alpha_i + \eta_i y_{it-1} + \delta_i t + \sum_{k=1}^{K_i} \theta_i^{(k)} \Delta y_{it-k} + \varepsilon_{it}, \ \varepsilon_{it} \sim N(0, \delta_\varepsilon^2) \tag{3-1}$$

其中，i 表示个体样本，t 表示时间，i = 1，…，N，t = 1，…，T。

（2）面板协整检验。就面板数据协整检验而言，本节采用 Pedroni（1999）提出的方法。其检验过程简要介绍如下。

对于面板回归方程 $y_{i,t} = \alpha_i + \beta_{1i} x_{1i,t} + \cdots + \beta_{Mi} x_{Mi,t} + \varepsilon_{i,t}$（t = 1，…，T；i = 1，…，N；m=1，…，M）而言，首先，对此方程进行估计，得到方程残差估计量 $\hat{\varepsilon}_{i,t}$，对方程进行差分得到差分方程：

$$\Delta y_{i,t} = \sigma_{1i} \Delta x_{1i,t} + \sigma_{2i} \Delta x_{2i,t} + \cdots + \sigma_{Mi} \Delta x_{Mi,t} + \eta_{i,t} \tag{3-2}$$

其中，Δ 为差分算子。

进一步地，采用核估计（Kernel Estimator）得到 $\eta_{i,t}$ 的估计值 $\hat{\eta}_{i,t}$，其长期方

[①] 关于面板数据分析的优点，参见白仲林（2008）等。

差表示为：

$$\hat{L}_{11i}^2 = (1/T) \sum_{i=1}^{T} \eta_{i,t}^2 + (2/T) \sum_{s=1}^{K} \left(1 - (s/(K+1))\right) \sum_{t=s+1}^{T} \hat{\eta}_{i,t} \hat{\eta}_{i,t-s} \qquad (3-3)$$

对方程（3-1）的残差估计量 $\hat{\varepsilon}_{i,t}$，构造合适的回归方程。若采用对非参数估计方法，估计方程为：

$$\hat{\varepsilon}_{i,t} = \Psi_i \hat{\varepsilon}_{i,t-1} + \hat{\kappa}_{i,t} \qquad (3-4)$$

上式中，$\hat{\kappa}_{i,t}$ 的长期方差可写为 $\hat{\sigma}_i^2 = (1/T) \sum_{s=1}^{K} \left(1 - (s/(K+1))\right) \sum_{t=s+1}^{T} \hat{\kappa}_{i,t} \hat{\kappa}_{i,t-s}$，为简便起见，设 $\hat{\lambda}_i = 1/2 \left(\hat{\sigma}_i^2 - \hat{s}_i^2\right)$，$\hat{\sigma}_{N,T}^2 = (1/N) \sum_{i=1}^{N} \hat{L}_{11i}^{-2} \hat{\sigma}_i^2$，$\hat{s}_i^2 = (1/T) \sum_{i=1}^{T} \hat{\kappa}_{i,t}$。

若采用参数估计方法，估计方程为：

$$\hat{\varepsilon}_{i,t} = \Psi_i \hat{\varepsilon}_{i,t-1} + \sum_{k=1}^{K} \hat{\Psi}_{i,k} \Delta \hat{\varepsilon}_{i,t-k} + \hat{\mu}_{i,t}^* \qquad (3-5)$$

并记 $\hat{s}_i^{*2} = (1/T) \sum_{i=1}^{T} \hat{\mu}_{i,t}^*$，$\tilde{s}_{N,T}^{*2} = (1/T) \sum_{i=1}^{T} \hat{s}_i^{*2}$。

以上述方程和代表式为基础，可以构造出如下协整检验统计量：

组间 ν 统计量：$Z_v = T^2 N^{3/2} \left(\sum_{i=1}^{N} \sum_{t=1}^{T} \hat{L}_{11i}^{-2} \hat{\varepsilon}_{i,t-1}^2 \right)^{-1}$；

组间 ρ 统计量：$Z_\rho = T\sqrt{N} \left(\sum_{i=1}^{N} \sum_{t=1}^{T} \hat{L}_{11i}^{-2} \hat{\varepsilon}_{i,t-1}^2 \right)^{-1} \sum_{i=1}^{N} \sum_{t=1}^{T} \hat{L}_{11i}^{-2} (\hat{\varepsilon}_{i,t-1} \Delta \hat{\varepsilon}_{i,t} - \hat{\lambda}_i)$；

组间 PP 统计量：$\bar{Z}_t = \left(\hat{\sigma}_{N,T}^2 \sum_{i=1}^{N} \sum_{t=1}^{T} \hat{L}_{11i}^{-2} \hat{\varepsilon}_{i,t-1}^2 \right)^{-1/2} \sum_{i=1}^{N} \sum_{t=1}^{T} \hat{L}_{11i}^{-2} (\hat{\varepsilon}_{i,t-1} \Delta \hat{\varepsilon}_{i,t} - \hat{\lambda}_i)$；

组间 ADF 统计量：$\bar{\bar{Z}}_t = \left(\tilde{s}_{N,T}^{*2} \sum_{i=1}^{N} \sum_{t=1}^{T} \hat{L}_{11i}^{-2} \hat{\varepsilon}_{i,t-1}^2 \right)^{-1/2} \sum_{i=1}^{N} \sum_{t=1}^{T} \hat{L}_{11i}^{-2} \hat{\varepsilon}_{i,t-1}^* \Delta \hat{\varepsilon}_{i,t}^*$；

组内 ρ 统计量：$\bar{Z}_\rho = T N^{-1/2} \sum_{i=1}^{N} \left(\sum_{t=1}^{T} \hat{\varepsilon}_{i,t-1}^2 \right)^{-1} \sum_{t=1}^{T} (\hat{\varepsilon}_{i,t-1} \Delta \hat{\varepsilon}_{i,t} - \hat{\lambda}_i)$；

组内 PP 统计量：$\tilde{Z}_t = N^{-1/2} \sum_{i=1}^{N} \left(\hat{\sigma}_i^2 \sum_{t=1}^{T} \hat{\varepsilon}_{i,t-1}^2 \right)^{-1/2} \sum_{t=1}^{T} (\hat{\varepsilon}_{i,t-1} \Delta \hat{\varepsilon}_{i,t} - \hat{\lambda}_i)$；

组内 ADF 统计量：$\tilde{\bar{Z}}_t = N^{-1/2} \sum_{i=1}^{N} \left(\sum_{t=1}^{T} \hat{s}_i^{*2} \hat{\varepsilon}_{i,t-1}^{*2} \right)^{-1/2} \sum_{t=1}^{T} (\hat{\varepsilon}_{i,t-1}^* \Delta \hat{\varepsilon}_{i,t-1}^*)$。

2. 样本数据

在现有统计资料中，有关各省级行政区水资源消费量和经济增长的连续数据最早从 2002 年开始。因此，本节以 2002~2009 年中国大陆 31 个省级行政区的水资源消费量和经济增长数据作为实证分析基础。其中，各省级行政区的水资源消费量以用水总量（WAT）表示，该变量为实物量指标，单位为亿 m³；经济增长以各省级行政区的地区生产总值（GDP）表示，该变量为价值量指标，单位为亿元，为消除价格变化带来的影响，将其调整为 1990 年定基可比数值。

为了进行区域比较分析，根据中国国家统计局的分类，将中国 31 个省级行政区分为东、中、西三大区域，其中东部地区包括北京、天津、河北、辽宁、上海、江苏、浙江、福建、山东、广东、海南 11 个省级行政区；中部地区包括黑龙江、吉林、山西、安徽、江西、河南、湖北、湖南 8 个省份；西部地区包括内蒙古、广西、重庆、四川、贵州、云南、西藏、陕西、甘肃、青海、宁夏、新疆 12 个省级行政区。

（二）面板协整检验和回归分析

1. 面板单位根检验

进行面板协整检验和回归分析之前，需要判断面板数据是否是平稳的。为消除可能存在的异方差的影响，对各省级行政区各年的用水总量数据 WAT 和地区生产总值数据 GDP 的数值均进行取对数，分别得到 lnWAT 和 lnGDP 序列。利用上一小节介绍的面板单位根检验方法对全部样本、东部地区样本、中部地区样本、西部地区样本的 lnWAT 和 lnGDP 序列进行检验的结果分别见表 3-3、表 3-4、表 3-5 和表 3-6。在四个表所报告的 LLC、IPS、Fisher ADF、Fisher PP 四种检验方法中，LLC 检验的原假设是存在相同单位根（Common Unit Root），IPS、Fisher ADF、Fisher PP 3 种检验方法的原假设是存在不同单位根（Individual Unit Root）。

从理论上讲，当针对相同单位根的检验方法（即 LLC 检验）与针对不同单位根的检验方法（即 IPS、Fisher ADF、Fisher PP 检验）的结论都拒绝存在单位根的原假设时，才能说序列是平稳的。反之，在四种检验方法得到的结果中，只要有一个结果接受存在单位根的原假设，则序列是不平稳的。

（1）全部样本单位根检验结果。根据表3-3报告的检验结果可知：①对中国全部省级水资源消费量和经济增长变量（lnWAT和lnGDP）的水平序列而言，在10%的显著性水平上都不能拒绝存在单位根的原假设。②对lnWAT和lnGDP两个变量的一阶差分序列而言，其平稳性出现差异。具体而言，代表水资源消费量的lnWAT的一阶差分序列在1%的显著性水平上是平稳的，但代表经济增长的lnGDP的一阶差分序列在10%的显著性水平上不能拒绝存在单位根的原假设。③lnWAT和lnGDP两个变量的二阶差分序列，在5%的显著性水平下都拒绝了存在单位根的原假设，即表现出良好的平稳性。换言之，在全部样本中，lnWAT和lnGDP分别表现为一阶单整、二阶单整（见表3-3）。

表3-3 中国省级水资源消费量和经济增长序列单位根检验

检验方法	水平值		一阶差分		二阶差分	
	lnWAT	lnGDP	dlnWAT	dlnGDP	d(dlnWAT)	d(dlnGDP)
LLC	−12.0920 (0.0000)	−7.25167 (0.0000)	−29.7476 (0.0000)	−9.69652 (0.0000)	−29.8424 (0.0000)	−36.4952 (0.0000)
IPS	−2.27828 (0.0114)	−0.02677 (0.4839)	−3.28618 (0.0005)	0.99095 (0.8391)	−1.97902 (0.0239)	−1.46430 (0.0716)
Fisher ADF	126.591 (0.0000)	65.9288 (0.3427)	142.158 (0.0000)	42.7477 (0.9745)	108.111 (0.0003)	93.7633 (0.0057)
Fisher PP	195.309 (0.0000)	99.3535 (0.0018)	243.791 (0.0000)	83.0669 (0.0383)	189.343 (0.0000)	159.155 (0.0000)

注：滞后长度选择采用Schwarz准则自动选择，带宽选择使用Bartlett核估计，检验形式包括常数项和趋势项，不包括确定性项；括号内为相应统计量的相伴概率。

（2）东部地区样本单位根检验结果。由检验结果可以发现：①对中国东部地区11个省级行政区的水资源消费量和经济增长变量（lnWAT和lnGDP）的水平序列而言，前者在1%的显著性水平上拒绝存在单位根的原假设，而后者在10%的显著性水平上都不能拒绝存在单位根的原假设。②对lnWAT和lnGDP两个变量的一阶差分序列而言，其平稳性差异与水平序列一致，即代表水资源消费量的

lnWAT 的一阶差分序列在 1% 的显著性水平上是平稳的，而代表经济增长的 lnGDP 的一阶差分序列在 10% 的显著性水平上仍然不能拒绝存在单位根的原假设。③lnWAT 和 lnGDP 两个变量的二阶差分序列的平稳性基本一致，前者在 1% 的显著性水平上拒绝存在单位根的原假设，而后者在 10% 的显著性水平上拒绝存在单位根的原假设。也就是说，对于东部地区样本而言，lnWAT 和 lnGDP 分别表现为零阶单整、二阶单整（见表 3-4）。

表 3-4 中国东部地区水资源消费量和经济增长序列单位根检验

检验方法	水平值		一阶差分		二阶差分	
	lnWAT	lnGDP	dlnWAT	dlnGDP	d(dlnWAT)	d(dlnGDP)
LLC	−9.72905 (0.0000)	−1.33424 (0.0911)	−12.6896 (0.0000)	−2.01643 (0.0219)	−29.7829 (0.0000)	−7.60261 (0.0000)
IPS	−2.96162 (0.0015)	1.69037 (0.9545)	−4.02705 (0.0000)	0.43601 (0.6686)	−6.27329 (0.0000)	−1.48747 (0.0684)
Fisher ADF	51.4201 (0.0004)	19.1405 (0.6366)	54.0943 (0.0002)	17.2177 (0.7512)	65.3426 (0.0000)	34.8193 (0.0405)
Fisher PP	69.8613 (0.0000)	31.1575 (0.0929)	54.8355 (0.0001)	14.6927 (0.8751)	77.3396 (0.0000)	45.5072 (0.0023)

注：滞后长度选择采用 Schwarz 准则自动选择，带宽选择使用 Bartlett 核估计，检验形式包括截距项，不包括趋势项和确定性项；括号内为相应统计量的相伴概率。

（3）中部地区样本单位根检验结果。由检验结果可知：①对中国中部地区 8 个省级行政区的水资源消费量和经济增长变量（lnWAT 和 lnGDP）的水平序列而言，在 10% 的显著性水平上都不能拒绝存在单位根的原假设。②对 lnWAT 和 lnGDP 两个变量的一阶差分序列而言，其平稳性存在一定差异。即代表水资源消费量的 lnWAT 的一阶差分序列在 1% 的显著性水平上是平稳的，但代表经济增长的 lnGDP 的一阶差分序列只是在 10% 的显著性水平上才能拒绝存在单位根的原假设。③lnWAT 和 lnGDP 两个变量的二阶差分序列的平稳性基本一致，前者在 1% 的显著性水平上拒绝存在单位根的原假设，而后者在 5% 的显著性水平上就会拒绝存在单位根的原假设。也就是说，对于中部地区样本而言，在 10% 的显著性水平下，lnWAT 和 lnGDP 都表现为一阶单整；在 5% 的显著性水平下，lnWAT 和 lnGDP 分别表现为一阶单整和二阶单整（见表 3-5）。

表 3–5 中国中部地区水资源消费量和经济增长序列单位根检验

检验方法	水平值		一阶差分		二阶差分	
	lnWAT	lnGDP	dlnWAT	dlnGDP	d(dlnWAT)	d(dlnGDP)
LLC	2.30323 (0.9894)	0.57689 (0.7180)	−9.22512 (0.0000)	−6.22419 (0.0000)	−17.1481 (0.0000)	−8.05751 (0.0000)
IPS	2.20565 (0.9863)	3.43093 (0.9997)	−5.65128 (0.0000)	−1.37248 (0.0850)	−5.67277 (0.0000)	−1.81645 (0.0347)
Fisher ADF	5.70412 (0.9910)	10.5520 (0.8363)	59.6249 (0.0000)	28.3946 (0.0284)	58.7548 (0.0000)	30.2357 (0.0168)
Fisher PP	16.2040 (0.4388)	10.0815 (0.8623)	90.7809 (0.0000)	45.4092 (0.0000)	91.7829 (0.0000)	40.3611 (0.0007)

注：滞后长度选择采用 Schwarz 准则自动选择，带宽选择使用 Bartlett 核估计，检验形式包括截距项，不包括趋势项和确定性项；括号内为相应统计量的相伴概率。

（4）西部地区样本单位根检验结果。由检验结果可以发现，对中国西部地区 12 个省级行政区的水资源消费量和经济增长变量而言：①lnWAT 和 lnGDP 水平序列，在 10% 的显著性水平上都不能拒绝存在单位根的原假设。②lnWAT 和 lnGDP 两个变量的一阶差分序列和二阶差分序列在 5% 的显著性水平上都是平稳的。对于西部地区样本而言，在 5% 的显著性水平下，lnWAT 和 lnGDP 都表现为一阶单整（见表 3–6）。

表 3–6 中国西部地区水资源消费量和经济增长序列单位根检验

检验方法	水平值		一阶差分		二阶差分	
	lnWAT	lnGDP	dlnWAT	dlnGDP	d(dlnWAT)	d(dlnGDP)
LLC	−5.12945 (0.0000)	2.50528 (0.9939)	−6.82242 (0.0000)	−5.97184 (0.0000)	−14.1011 (0.0000)	−7.74483 (0.0000)
IPS	−2.28616 (0.0111)	5.09254 (1.0000)	−5.81058 (0.0000)	−3.68405 (0.0001)	−6.41098 (0.0000)	−1.55587 (0.0599)
Fisher ADF	44.6133 (0.0065)	3.53081 (1.0000)	79.3858 (0.0000)	50.8764 (0.0011)	78.7038 (0.0000)	41.2589 (0.0158)
Fisher PP	32.8358 (0.1076)	8.79822 (0.9980)	97.2108 (0.0000)	41.5695 (0.0144)	113.769 (0.0000)	54.4647 (0.0004)

注：滞后长度选择采用 Schwarz 准则自动选择，带宽选择使用 Bartlett 核估计，检验形式包括截距项，不包括趋势项和确定性项；括号内为相应统计量的相伴概率。

2. 面板协整检验

根据前述面板单位根检验结果，对全部样本而言，lnWAT 和 lnGDP 分别是非平稳的 I（1）、I（2）过程；东部地区样本 lnWAT 和 lnGDP 分别表现为平稳的

I(0) 过程和非平稳的 I(2) 过程；中部地区样本 lnWAT 和 lnGDP 分别是非平稳的 I(1)、I(2) 过程；西部地区样本 lnWAT 和 lnGDP 都是非平稳的 I(1) 过程。

本节采用 Pedroni（1999）提出的建立在 Engle 和 Granger 两步法检验基础上的面板协整方法进行分析，以确定中国经济增长与水资源消费之间是否存在长期稳定的均衡关系。由协整检验结果可知：①基于全部样本的面板协整分析表明，不管是组间统计量 ν、ρ、PP、ADF，还是组内统计量 ρ、PP、ADF 的值，都在 1% 的显著性水平上拒绝了"不存在协整关系"的原假设。换言之，在全国范围内，中国经济增长与水资源消费之间存在长期稳定的均衡关系。②基于东部地区样本的面板协整分析表明，除组间 ρ 统计量只能在 10% 的水平上拒绝"不存在协整关系"的原假设之外，其他 6 个统计量的值都在 1% 的显著性水平上拒绝原假设。于是，可以判断，东部地区的经济增长与水资源消费之间存在长期稳定的均衡关系。③基于中部地区样本的面板协整分析表明，除组间 ρ 统计量在 10% 的水平上仍然不能拒绝"不存在协整关系"的原假设之外，其他 6 个统计量的值都在 1% 的显著性水平上拒绝原假设。在此情况下，大致可以认为中部地区的经济增长与水资源消费之间存在长期稳定的均衡关系。④基于西部地区样本的面板协整分析表明，除组间 ν 统计量在 10% 的水平上仍然不能拒绝"不存在协整关系"的原假设之外，组间 ρ 统计量的值在 5% 的显著性水平上拒绝原假设，其他 5 个统计量的值都在 1% 的显著性水平上拒绝原假设。在此情况下，基本能确认西部地区的经济增长与水资源消费之间存在长期稳定的均衡关系（见表 3-7）。

表 3-7 中国水资源消费与经济增长面板协整检验

协整检验	全国		东部地区		中部地区		西部地区	
	统计量	概率	统计量	概率	统计量	概率	统计量	概率
组间 ν 统计量	−5.2956	0.0000	−3.4600	0.0010	−2.7839	0.0083	−1.6173	0.1079
组间 ρ 统计量	2.9814	0.0047	1.9477	0.0599	1.6011	0.1107	2.3578	0.0248
组间 PP 统计量	−18.485	0.0000	−9.4626	0.0000	−10.799	0.0000	−4.9920	0.0000
组间 ADF 统计量	−11.045	0.0000	−7.3044	0.0000	−6.4241	0.0000	−3.7499	0.0004
组内 ρ 统计量	5.0492	0.0000	3.0438	0.0039	2.5572	0.0152	3.7919	0.0003
组内 PP 统计量	−16.383	0.0000	−9.3995	0.0000	−8.9995	0.0000	−5.7016	0.0000
组内 ADF 统计量	−11.824	0.0000	−10.079	0.0000	−4.0401	0.0000	−3.3765	0.0013

注：除西部地区样本为一阶同阶协整检验外，其他样本都是二阶同阶协整检验，检验形式包括截距项和趋势项，不包括确定性项；滞后长度为 1 年，带宽选择使用 Bartlett 核估计。

3. 面板回归分析

确认中国经济增长与水资源消费之间存在长期稳定的均衡关系后，需要进一步展开回归分析以确定两者之间的关系究竟以什么样方式、多大的程度体现出来。换言之，面板协整检验只是定性判断，而面板回归分析可以说是定量分析。

用于面板回归分析的模型主要有三种：①混合估计模型（Pooled Regression Model）。如果从时间上看，不同个体之间不存在显著性差异；从截面上看，不同截面之间也不存在显著性差异，那么就可以直接把面板数据混合在一起用普通最小二乘法（OLS）估计参数。②固定效应模型（Fixed Effects Regression Model）。如果对于不同的截面或不同的时间序列，模型的截距不同，则可以采用在模型中添加虚拟变量的方法估计回归参数。③随机效应模型（Random Effects Regression Model）。如果固定效应模型中的截距项包括了截面随机误差项和时间随机误差项的平均效应，并且这两个随机误差项都服从正态分布，则固定效应模型就变成了随机效应模型。

在面板数据模型形式的选择方法上，经常采用 Hausman 检验确定应该建立随机效应模型还是固定效应模型，然后用 F 检验决定选用变系数模型、固定影响模型还是不变参数模型。对各样本范围设定随机效应模型进行 Hausman 检验的结果表明，不管是对全部样本，还是对三大区域样本，在 10% 的显著性水平上都不能拒绝"建立随机效应模型"的原假设（见表 3-8）。

表 3-8 随机效应模型的 Hausman 检验

样本范围	卡方统计量	相伴概率	模型结构选择
全国	0.004433	0.9469	随机效应模型
东部地区	0.016626	0.8974	随机效应模型
中部地区	0.044775	0.8324	随机效应模型
西部地区	0.538654	0.4630	随机效应模型

注：在进行随机效应模型估计时，除西部地区样本变量为一阶序列外，其他样本都是二阶序列。

确定采用随机效应模型后，考虑到中国各省级行政区之间存在较大差异，本节直接运用变系数模型进行回归分析。表 3-9 给出了以省级面板数据为基础进行回归分析得到的结果。

显然，根据表 3-9 可以发现，不管是对于全国，还是对于东、中、西三大区域而言，在 1% 的显著性水平上，各回归方程中的截距项和自变量的回归系数都不为零。这意味着中国各地区及全国的水资源消费量与地区生产总值之间都存在明显的相关关系。

由于各回归方程的自变量和因变量都是对数值，因此自变量的回归系数其实就是弹性系数，即自变量每提高 1%，因变量提高相应的百分比。比较表 3-9 中各回归方程中自变量回归系数可知，在全国及东、中、西三大区域的水资源消费量的经济增长弹性中，中部地区最高、全国其次、西部第三、东部最低。具体而言，从整体上看，以 1990 年不变价格计算的全国 GDP 每增长 1%，水资源消费量就会提高 0.128%；对于东、中、西三大区域而言，以 1990 年不变价格计算的地区生产总值每增长 1%，其水资源消费量分别会提高 0.078%、0.188% 和 0.127%。各区域水资源消费量的经济增长弹性方面的差异，可能与其气候条件、水资源状况、产业结构等因素有关。同时也要看到，由于表征各回归方程拟合优度的调整后 R^2 并不高，所以水资源消费量的变化并不是由经济增长这一个因素决定的。

表 3-9　变系数随机效应模型回归分析结果

样本范围	因变量	常数项 (C)	自变量 (lnGDP)	调整后 R^2	样本个数
全国	lnWAT	3.920309*** (19.97395)	0.128097*** (6.414959)	0.139827	248
东部地区	lnWAT	4.241768*** (17.36975)	0.077445*** (4.534605)	0.183579	88
中部地区	lnWAT	3.719885*** (10.99034)	0.187483*** (5.326261)	0.302859	64
西部地区	lnWAT	3.843331*** (14.26460)	0.126530*** (4.455743)	0.165595	96

注：*** 代表 1% 的显著性水平。

四、小结

本章在总结现有研究中国水资源消费量与经济增长关系文献的基础上，针对已有研究中需要改善的问题和本书的主题，分别利用时间序列分析方法和面板数据计量技术从不同的角度分析了中国水资源消费量与经济增长之间的内在依存关系。主要得到了以下结论：

（1）以 1978~2008 年中国城市地区用水总量和人均可支配收入时间序列数据为基础进行分析得到的结果表明，以中国城镇居民人均可支配收入提高来表示的经济增长在短期内会导致城市用水量提高，但长期来看，水资源消费量的提高是驱动经济增长的原因之一。尽管时间序列分析的基础是城市地区数据，但在中国城镇化进程正处于加速发展阶段这一背景下，这些研究结论仍然具有较强的参考价值。

（2）以 2002~2009 年中国 31 个省级行政区的地区生产总值和用水总量面板数据为基础进行协整分析得到的结果表明，中国水资源消费和经济增长之间存在长期稳定的均衡关系。

（3）为进一步探究中国水资源消费和经济增长之间关系的具体表现形式所做的面板回归分析结果显示，在全国以及东、中、西三大区域，水资源消费量与按 1990 年不变价格计算的 GDP（或地区生产总值）之间都存在明显的相关关系。而且，在全国及东、中、西三大区域的水资源消费量的经济增长弹性中，中部地区最高、全国其次、西部第三、东部最低。

第四章 中国水资源综合利用效率与边际利用效率

基于前述章节的分析结论，从水资源供给的角度看，中国人均水资源占有量低，且时空分布不平衡；从需求的角度看，水资源消费总量与经济增长之间存在长期稳定的均衡关系。作为发展中国家，可以预期中国的经济将会持续发展，在水资源消费量与经济增长之间的关系没有逆转之前，全国用水总量很可能会不断提高。缓解日趋紧张的供需形势，需要"开源"与"节流"并举。做好"节流"工作（即提高水资源利用效率）的重要基础是全面认识水资源利用状况。

近年来，水资源利用效率已成为诸多研究的主题。根据研究范围的不同，可以将针对中国水资源利用效率进行研究的文献分为两大类。第一类文献是以全社会用水总量为基础，探讨全国或区域层次的用水效率问题；第二类文献是以部门用水量为基础，考察农业、工业等产业部门的水资源利用效率。在第一类文献中，陈素景、孙根年、韩亚芬、李琦（2007），李世祥、成金华、吴巧生（2008），孙才志、刘玉玉（2009），孙爱军、方先明（2010），孙才志、谢巍、姜楠、陈丽新（2010），许新宜、王红瑞、刘海军、骊建强、庞博、徐方（2010），钱文婧、贺灿飞（2011）等利用不同研究方法深入分析了中国省级层面的水资源利用效率区域差异。在第二类文献中，靳京、吴绍洪、戴尔卓（2005），朱立志（2005），朱启荣（2007），孙爱军（2007），陈东景（2008）等分别对农业、工业部门的用水效率进行了多层次分析。此外，中国投入产出学会课题组（2007）利用投入产出数据分析了国民经济各部门的水资源利用效率。

从现有研究看，以全社会用水总量数据为分析基础的文献主要集中在水资源利用效率的区域差异上，较少关注其时序变化状况及其影响因素。基于此，本章在描述中国水资源综合利用效率时序变化的基础上，运用 Laspeyres 指数及因素分解模型考察导致该变化产生的结构与效率因素。在水资源已成为中国经济增长刚性约束的情况下，本章以超越对数生产函数（Trans-log Production Function）为基础，分析中国各省级行政区的边际水资源利用价值，并进一步对南水北调工程调水量分配、用水量配额和江河流域水量分配等提出基于水资源优化利用的建议。

一、水资源综合利用效率时序变化：基于
因素分解模型的分析

水资源利用效率反映的是水资源配置和经济活动的效果，是指在消耗同样数量水资源的条件下生产更多数量的产品或提供更多数量的服务。作为一个一般化的术语，可以用多种数值上的指标对其进行测算。[①] 从投入—产出的角度考虑，本章使用"水资源投入/GDP 产出"（即单位 GDP 水资源消耗强度）这一传统指标来衡量水资源综合利用效率。由单位 GDP 水资源消耗强度的定义可知，该指标值越低，水资源综合利用效率就越高。

[①] 许新宜、王红瑞、刘海军、骊建强、庞博、徐方（2010）指出，水资源利用效率评估指标主要包括五类：一是水资源综合利用效率指标，主要有用水弹性系数、综合供水效率、三产用水比例、人均水资源量、单方水 GDP 产出量、人均综合用水量；二是农业水资源利用效率指标，主要有去变异农业水资源利用效率、亩均灌溉用水量、农业用水比例、灌溉水综合利用系数、节水灌溉面积比例、单方灌溉水粮食增产量、万元农业增加值用水量；三是工业用水效率指标，主要有工业产品用水定额、工业用水比例、工业万元产值取水量降低率、工业用水重复利用率、万元工业增加值用水量；四是生活用水效率指标，主要有人均生活用水量、城镇居民人均生活用水量、农村居民人均生活用水量、居民生活用水比例、中水回用率；五是生态与环境可持续发展指标，主要有水资源可持续性指标、生态环境用水比例、污水处理率、人均化学需氧量（COD）排放量、万元 GDP 排放 COD 量。

（一）水资源消耗强度的变化情况

图 4-1 给出了 1980~2009 年中国单位 GDP 水资源消耗强度的变化情况。由该图可以看出，按 1978 年不变价格计算的 GDP 水资源强度下降趋势明显。1980 年，中国 GDP 水资源强度为 1.042389m³/元，到 2009 年已降至 0.087859 m³/元，仅为 1980 年的 8.43%。

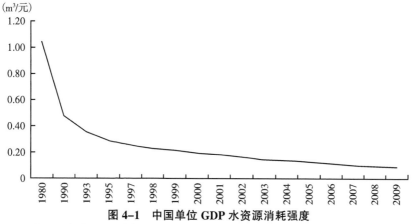

图 4-1 中国单位 GDP 水资源消耗强度

注：GDP 为 1978 年定基可比数据。

资料来源：1980 年、1990 年水资源消耗数据来源于《水利辉煌 50 年》；1993 年水资源消耗数据来源于《21 世纪中国水供求》；1995 年水资源消耗数据取自《全国水资源综合规划》第一阶段调查评估成果；其他年份水资源消耗数据均来源于《中国水资源公报》（1997~2009 年）；各年 GDP 数值及按不变价格计算的 GDP 指数都来源于《中国统计年鉴 2010》。

分阶段看，在 1980~2009 年，中国单位 GDP 水资源消耗强度降幅呈现出先高后低的特征，但各阶段年均下降速度变化趋势与此相反，基本表现为稳定提高的态势。[①] 具体而言，在 1980~1990 年，GDP 水资源强度降幅最大，共降低了 0.568434m³/元，年均下降 7.5890%；在 1990~1995 年，共降低 0.117846m³/元，年均下降速度为 5.5672%；在 1995~2000 年，GDP 水资源强度降低了 0.091217m³/元，年均下降速度为 7.2843%；在 2000~2005 年，GDP 水资源强度降低了 0.0708m³/元，

[①] 从图 4-1 看，中国单位 GDP 水资源消耗强度似乎呈现先急剧下降后逐步稳定降低的趋势。这主要是因为：其一，在 1980~1990 年只有两年的数据，在 1990~1995 年只有 3 年的数据；其二，该图的纵坐标是单位 GDP 水资源消耗强度绝对值。

年均下降速度为 8.4556%；在 2005~2009 年，GDP 水资源强度降低了 0.039813m³/元，年均下降速度为 8.9201%。由此可见，在 1980~2009 年，尽管中国单位 GDP 水资源消耗强度绝对下降幅度表现出"先大后小"的特征，但其下降速度基本稳定且呈逐年加快的态势。（如图 4-1）。

（二）水资源消耗强度变化的因素分解模型

从上面对中国单位 GDP 水资源消耗强度变化情况的描述可以看出，中国的水资源消耗强度发生了显著变化。这些变化背后的驱动因素到底有哪些？各因素的影响究竟有多大？这些都是需要进一步探讨的问题。

从理论上看，水资源消耗强度变化的影响因素可以归于两个方面，即结构因素和技术因素。一方面，由于各产业技术特点不同，所需生产要素的组合比例存在差异，其水资源消耗强度并不一致。[1] 因此，产业结构变动会引起要素需求的变动和生产要素的重新配置，从而必然会引起水资源消耗强度的变化。如果水资源消耗强度高的产业在国民经济中的比重上升，那么总体水资源消耗强度就会因此而提高；反之，如果水资源消耗强度低的产业在国民经济中的比重上升，那么总体水资源消耗强度就会因此而下降。另一方面，技术进步所导致的各产业生产过程水资源消耗降低，或者说水资源效率提高所带来的节水效果也不容忽视。[2]

因素分解方法，是通过对数学恒等式的转化运算，把目标变量分解成若干关键因素进行分析，并计算各因素对目标变量变化的相对影响程度。该方法已在能源强度研究领域得到了广泛的应用，成为分析能源强度变化的主要工具。[3]

因素分解方法主要有两类，即指数因素分解法（Index Decomposition，ID）

---

① 例如，对于绝大多数农作物而言，水资源是最重要的投入之一，而对于一些工业制成品而言，水资源投入尽管重要，但相对于技术、资本等其他要素而言，其重要性要低一些。即使在工业部门，各行业的水资源消耗强度也存在显著差异，对于采用水冷技术的燃煤发电企业而言，其水资源消耗强度肯定会高于服装生产企业。

② 火力发电企业的冷却介质由水改为空气，在火电厂热力系统冷端变水工艺为无水工艺之后，其水资源消耗强度会大幅降低。

③ 参见 Ang 和 Zhang（2000）的综述文章。

和投入产出因素分解法（Input-output Decomposition，IOD）。两种方法相比较，IOD 是用投入产出表中的直接消耗系数、列昂惕夫逆矩阵对 ID 中的因素进行表示，因此 IOD 可以看成是拉氏指数 ID 的一个更为复杂和精确的版本。

假定经济中存在 n 个产业部门，在时期 t 的水资源消耗及产出定义如下：W_{it} 为 i 产业部门的水资源消耗量；W_t 为水资源消耗总量（即 $W_t = \sum_{i=1}^{n} W_{it}$）；$Y_{it}$ 为 i 产业部门的产出量；Y_t 为总产出量（即 $Y_t = \sum_{i=1}^{n} Y_{it}$）；$S_{it}$ 为 i 产业部门在时期 t 的总产出中所占比重（即 $S_{it} = Y_{it}/Y_t$）；I_t 为时期 t 的总体水资源消耗强度（即 $I_t = W_t/Y_t$）；I_{it} 为 i 产业部门在时期 t 的水资源消耗强度（即 $I_{it} = W_{it}/Y_{it}$）。

显然，总体水资源消耗强度可以用各产业部门的产出比重和产业水资源消耗强度表示，即可以用产业结构和产业水资源效率表示：

$$I_t = \sum_{i=1}^{n} S_{it}I_{it} \tag{4-1}$$

从基期（t = 0）到 T 期（t = T），水资源消耗强度的变化可以表示为两种形式，即加法形式和乘积形式，分别为 $VI_{0,T} = I_T - I_0$ 和 $D_{0,T} = I_T/I_0$，前者被称为加法分解（Additive Decomposition），后者被称为乘积分解（Multiplicative Decomposition）。

不同的分解形式均可以采取拉氏指数法（Laspeyres Index Method）和迪氏指数法（Divisia Index Method）。拉氏指数法的基本思想是将某一个解释变量的影响表示为在其他解释变量不变情况下，该变量变化引起被解释变量的变化量，其本质上是对各个解释变量的微分展开。具体到加法分解和乘积分解，影响因素可以表示为不同形式。与拉氏指数法对解释变量求微分相比，迪氏指数法更为复杂，是在对时间求微分的基础上展开的。[①]

本章采用加法形式的拉氏指数分解模型来确定驱动中国水资源消耗强度变化的结构因素和效率因素。具体而言：

$$VI_{0,T} = I_T - I_0$$

$$= \sum_{i=1}^{n} I_{iT}S_{iT} - \sum_{i=1}^{n} I_{i0}S_{i0}$$

---

① 关于拉氏指数法与迪氏指数法区别的详细介绍，参见吴滨、李为人（2007）的论述。

$$= \sum_{i=1}^{n} (I_{iT} - I_{i0})S_{i0} + \sum_{i=1}^{n} (S_{iT} - S_{i0})I_{i0} + \sum_{i=1}^{n} (I_{iT} - I_{i0})(S_{it} - S_{i0})$$

$$= \sum_{i=1}^{n} \Delta I_i S_{i0} + \sum_{i=1}^{n} \Delta S_i I_{i0} + \sum_{i=1}^{n} \Delta I_i \Delta S_i \qquad (4-2)$$

其中，ΔI_i 为 i 产业部门从基期到 T 期的水资源消耗强度的变化，ΔS_i 是 i 产业部门从基期到 T 期在总产出中比重的变化。

式（4-2）表明，总体水资源消耗强度变化可以分解为三个部分：① $\sum_{i=1}^{n} \Delta I_i S_{i0}$，它表示当产业结构保持不变时，各产业部门水资源效率变化所导致的总体水资源消耗强度的变化量；② $\sum_{i=1}^{n} \Delta S_i I_{i0}$，它表示当各产业部门水资源效率保持不变时，产业结构变化所导致的总体水资源消耗强度的变化量；③ $\sum_{i=1}^{n} \Delta I_i \Delta S_i$，它表示由产业部门水资源效率和产业结构共同变化造成的总体水资源消耗强度的变化量，这一项又称为残余项。

由于残余项是由产业结构和产业部门水资源效率两个影响因素共同创造的，因此如何分配残余项给这两个影响因素，成为众多因素分解模型的关键选择。本章借鉴 Sun（1998）、Sun 和 Ang（2000）在分解能源强度变化时提出的"共同创造、平等分配"（Jointly Created and Equally Distributed）原则，[①] 将残余项平等地分配到各影响因素之中。于是，对式（4-2）继续进行分解得到：

$$VI_{0,T} = \sum_{i=1}^{n} \Delta I_i S_{i0} + \sum_{i=1}^{n} \Delta S_i I_{i0} + \sum_{i=1}^{n} \Delta I_i \Delta S_i$$

$$= \left(\sum_{i=1}^{n} \Delta I_i S_{i0} + (1/2) \sum_{i=1}^{n} \Delta I_i \Delta S_i \right) + \left(\sum_{i=1}^{n} \Delta S_i I_{i0} + (1/2) \sum_{i=1}^{n} \Delta I_i \Delta S_i \right)$$

$$= \Delta I_{eff} + \Delta I_{str} \qquad (4-3)$$

根据式（4-3），对残余项按照"共同创造、平等分配"的原则进行分配后，总体水资源消耗强度的变化 $VI_{0,T}$ 可以分解成两个部分：ΔI_{eff} 和 ΔI_{str}，它们分别表示效率因素和结构因素对水资源消耗强度变化的贡献值。进一步说，可以利用其计算出贡献率：①产业结构调整因素贡献率 $r_{str} = (\Delta I_{str}/VI_{0,T}) \times 100\%$；②产业部门

---

① 根据 Sun（1998）、Sun 和 Ang（2000）的分析，"共同创造、平等分配"的原则不仅简单明了，而且还能通过 Fisher（1972）所提出的因素分解法的三种合意性检验（即时间可逆性检验、循环性检验和因素可逆性检验），此外它还使得 Laspeyres、Paasche 和 Marshall-Edgeworth 三类指数具有相同的分解结果。

水资源利用效率因素贡献率 $r_{eff} = (\Delta I_{eff} / VI_{0,T}) \times 100\%$。

（三）样本期选择与数据说明

现有统计资料中没有建筑业及第三产业用水量数据。即使是通过间接推算的方法也无法得到基本可靠的建筑业及第三产业用水量数据。[①] 但可以找到 1980 年、1990 年、1993 年、1995 年以及 1997~2009 年全社会用水总量、农业用水量、工业用水量。

为确保分析基础的可靠性，本章选取 1980 年、1990 年、1993 年、1995 年以及 1997~2009 年的农业用水量、工业用水量之和作为工农业生产水资源消耗量。与水资源消耗量数据相对应，本章用 1980 年、1990 年、1993 年、1995 年以及 1997~2009 年的农业增加值、工业增加值之和作为工农业总产出。为消除价格变化造成的影响，根据农业生产总值指数、工业生产总值指数将产出数据调整为 1978 年定基可比数据，给出了上述年份农业增加值、农业用水、工业增加值、工业用水的情况（如图 4-2）。

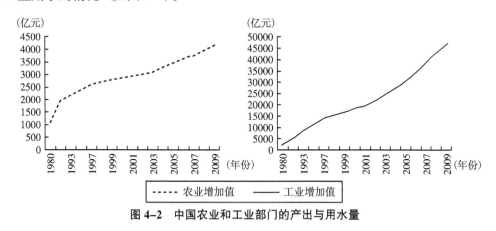

图 4-2 中国农业和工业部门的产出与用水量

[①] 在用水总量中扣除农业用水、工业用水后，剩下的是生活用水、生态用水。生活用水包括城镇居民、公共用水和农村居民、牲畜用水。原则上可以通过城镇居民人均生活用水量与城镇人口数量相乘，得到城镇居民生活用水量；同样通过农村居民人均生活用水量与农村人口数量相乘，得到农村居民生活用水量。然后将生活用水量减去城镇居民生活用水量和农村居民生活用水量，可以得到包括建筑业用水和第三产业用水在内的公共用水量。但由于水利统计中的城镇生活用水只包括全部建制市、建制镇以及具有集中供水设施的非建制镇的居民住宅用水和公共设施用水，其统计范围与人口统计中的城镇人口统计范围不一致。所以，通过上述方法估算出来的生活用水量数值偏大，在 1997~2002 年都大于水利统计资料（包括公共用水在内）中的生活用水量。

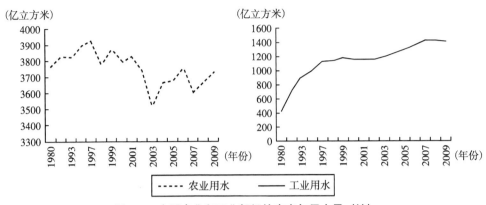

图 4-2 中国农业和工业部门的产出与用水量（续）

注：农业、工业部门增加值为 1978 年定基可比数据。

资料来源：农业、工业用水量数据来源同图 4-1；增加值数据及按不变价格计算的生产总值指数都来源于《中国统计年鉴 2010》。

（四） 工农业水资源消耗强度变化及其因素分解

1. 工农业水资源消耗强度时序变化情况

表 4-1 给出了利用上述数据计算的中国农业、工业部门水资源消耗强度，以及工农业总体水资源消耗强度。从该表可以看出，不管是农业部门水资源消耗强度，还是工业部门水资源消耗强度，在 1980~2008 年都有较大幅度的降低。

表 4-1 中国农业和工业部门水资源消耗强度

单位：m³/元（1978 年不变价格）

年份	农业水资源强度	工业水资源强度	总体水资源强度	年份	农业水资源强度	工业水资源强度	总体水资源强度
1980	3.4997	0.2125	1.3737	2002	1.2415	0.0532	0.1993
1990	1.9513	0.1412	0.6583	2003	1.1377	0.0486	0.1717
1993	1.7356	0.1111	0.4561	2004	1.1163	0.0456	0.1616
1995	1.6222	0.0890	0.3625	2005	1.0640	0.0426	0.1476
1997	1.5005	0.0809	0.3062	2006	1.0359	0.0395	0.1355
1998	1.3932	0.0746	0.2751	2007	0.9579	0.0359	0.1168
1999	1.3919	0.0708	0.2626	2008	0.9246	0.0326	0.1080
2000	1.3295	0.0634	0.2365	2009	0.9018	0.0298	0.1006
2001	1.3069	0.0584	0.2211	平均	1.4183	0.0723	0.3114

资料来源：同图 4-1 和图 4-2。

先看农业部门水资源消耗强度的变化。以1978年不变价格计算，①1980年每元农业增加值需要消耗3.4997m³的水资源；②到1990年，农业部门水资源消耗降低至1.9513m³/元的水平，仅为1980年的55.76%，年均降低5.68%；③1995年，每元农业增加值消耗的水资源量为1.6222m³，比1990年减少了0.3219m³，年平均下降3.63%；④2000年，每元农业增加值消耗1.3295m³的水资源，比1995年少0.2927m³，平均下来每年降低3.91%；⑤2005年，农业水资源消耗强度为1.0640m³/元，比2000年低0.2655m³/元，平均而言，每年比上年都要减少4.36%；⑥2007年农业水资源消耗强度首次突破1m³/元关口后，到2009年降低至0.9018m³/元的水平，为2005年的84.76%，年平均下降4.06%。

再看工业部门水资源消耗强度变化。①以1978年不变价格计算，1980年每元工业增加值需要消耗0.2125m³的水资源；②到1990年，工业部门水资源消耗降低至0.1412m³/元的水平，仅为1980年的66.45%，年均降低4.01%；③1995年，每元工业增加值消耗的水资源量为0.0890m³，比1990年减少了0.0522m³，年平均下降8.82%；④2000年，每元工业增加值消耗0.0634m³的水资源，比1995年少0.0256m³，平均每年降低6.56%；⑤2005年，工业水资源消耗强度为0.0426m³/元，比2000年低0.0158m³/元，平均而言，每年比上年都要减少6.12%；⑥工业水资源消耗强度到2009年降低至0.0298m³/元的水平，为2005年的69.95%，年平均下降8.55%。

最后看工农业总体水资源消耗强度变化。①以1978年不变价格计算，1980年每元工农业增加值需要消耗1.3737m³的水资源；②到1990年，工农业部门水资源消耗降低至0.6583m³/元的水平，仅为1980年的47.92%，年均降低7.09%；③1995年，每元工农业增加值消耗的水资源量为0.3625m³，比1990年减少了0.2958m³，年平均下降11.25%；④2000年，每元工农业增加值消耗0.2365m³的水资源，比1995年少0.1260m³，平均每年降低8.19%；⑤2005年，工农业水资源消耗强度为0.1476m³/元，比2000年低0.0887m³/元，平均而言，每年比上年都要减少9.00%；⑥工农业水资源消耗强度到2009年降低至0.1006m³/元的水平，为2005年的68.16%，年平均下降9.14%（见表4-1）。

比较农业、工业、工农业总体水资源消耗强度可以发现：

第一，从绝对值上看，农业水资源消耗强度远高于工业，而且随着时间的推移，两者之间的相对差异略有缩小后，逐渐变得越来越大。1980年，每元农业增加值消耗的水资源量是工业的16.47倍，1990年降低至13.82倍，此后两者之间的相对差异持续攀升，2009年已高达30.28倍（如图4-3中左上图）。

第二，从时序变化的角度看，工农业总体水资源强度与农业部门的相对差异越来越大。1980年，每元农业增加值消耗的水资源量是工农业整体的2.55倍，此后两者之间的相对差异不断扩大，2009年达8.96倍（如图4-3中左上图）。这很可能是因为，在工业水资源消耗强度不断降低的过程中，工业比重持续扩大，从而使得工农业总体水资源消耗强度以快于农业、工业两个部门的速度下降。

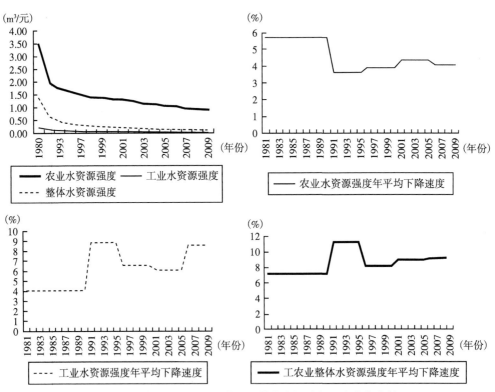

图4-3 中国农业、工业、工农业总体水资源消耗强度变化态势

资料来源：同图4-1和图4-2。

第三，分阶段看，在 1980~1990 年，农业水资源消耗强度降低的速度要快于工业，但由于工业比重提高较快，因此工农业总体水资源消耗强度下降速度要快于农业；在 1991~1995 年，工业水资源消耗强度下降速度远快于农业，并且同期工业比重仍以较快速度提高，于是工农业总体水资源消耗强度以更快速度降低；在 1996~2000 年，工业部门水资源强度下降速度较前 5 年有所放缓，但仍高于农业部门水资源消耗强度的平均降速，从而使得工农业总体水资源强度平均降速幅度保持在较高水平；在 2001~2005 年，工业部门水资源强度降速进一步放缓，但由于同期农业部门水资源强度加速下降，所以工农业总体水资源消耗强度继续加速下降；在 2005~2009 年，尽管农业部门水资源强度下降速度稍显缓慢，但在"十一五"期间中国强力推行淘汰落后产能的背景下，工业部门水资源消耗强度降低速度又上升至 9% 以上，在此因素带动下，工农业总体水资源强度保持快速降低态势（如图 4-3）。

2. 结构因素和效率因素对工农业总体水资源强度下降的贡献

在农业部门和工业部门水资源消耗强度发生变化的同时，农业与工业两个部门之间的产出比例也在不断改变。由图 4-4 可知，在 1980~2009 年，农业产出与工业产出之间的比重关系有显著变化。具体而言，按 1978 年可比价格计算，1980 年农业增加值在工农业总值中的比重为 35.32%。此后，农业产出在工农业总产出中的比重逐年下降，1990 年跌破至 30% 的关口，1995 年进一步下降至低于 20% 的水平，2000 年该比重已不足 14%，不到 1990 年的一半。进入 21 世纪后，农业产出比重下降的趋势更加明显，2005 年已降至接近 10% 的水平，2009 年跌至 8.12% 的最低位，仅为 1980 年的 1/5 强（如图 4-4）。

在产业结构和产业部门水资源强度这两个因素同时发生变化的情况下，进一步区分两者对总体水资源利用效率降低的影响具有重要意义。这是因为，如果根据历史数据进行分析得到的结果表明结构因素的贡献更大，那么在产业结构调整存在一定空间的情况下，政府的节水政策就应该优先鼓励结构调整；相反，如果分析结果显示效率因素的贡献更大，那么相关政策导向就需要偏向于提高各产业部门的用水效率。

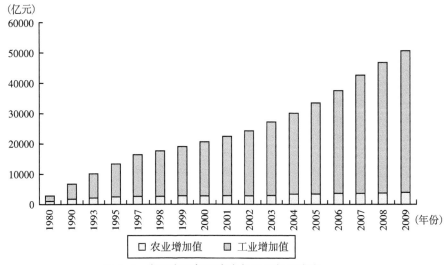

图4-4 中国农业部门产出与工业部门产出

资料来源：同图4-2。

基于此，本节运用式（4-2）介绍的加法形式的拉氏指数分解模型，来确定结构因素和效率因素在驱动中国水资源消耗强度变化方面的贡献。中国工农业总体水资源消耗强度因素分解结果如表4-2所示，可以得到以下几点结论：

第一，总体而言，在16个时间阶段中，结构因素和效率因素的贡献值均为负。这说明，在每一阶段工农业总体水资源消耗强度下降的背后，既有产业结构调整的影响，又有各产业部门水资源利用效率提高的作用。换言之，在1980~2009年中国工农业总体水资源消耗强度降低的过程中，结构因素和效率因素都起到了积极的作用。两者的区别只在于贡献的大小有所不同（见表4-2）。

表4-2 中国工农业总体水资源消耗强度变动的结构和效率因素

时间阶段	结构因素		效率因素		总体水资源强度总变化量
	贡献值（m³/元）	贡献率（%）	贡献值（m³/元）	贡献率（%）	
1980~1990	-0.1723	24.08	-0.5431	75.92	-0.7154
1990~1993	-0.1258	62.23	-0.0764	37.77	-0.2022
1993~1995	-0.0537	57.32	-0.0399	42.68	-0.0936
1995~1997	-0.0291	51.71	-0.0272	48.29	-0.0563
1997~1998	-0.0091	29.36	-0.0220	70.64	-0.0311

续表

时间阶段	结构因素		效率因素		总体水资源强度总变化量
	贡献值（m³/元）	贡献率（%）	贡献值（m³/元）	贡献率（%）	
1998~1999	−0.0090	72.32	−0.0035	27.68	−0.0125
1999~2000	−0.0109	41.80	−0.0152	58.20	−0.0261
2000~2001	−0.0081	52.51	−0.0073	47.49	−0.0154
2001~2002	−0.0090	41.11	−0.0128	58.89	−0.0218
2002~2003	−0.0113	40.83	−0.0164	59.17	−0.0277
2003~2004	−0.0051	50.51	−0.0050	49.49	−0.0101
2004~2005	−0.0058	41.32	−0.0082	58.68	−0.0140
2005~2006	−0.0065	53.96	−0.0056	46.04	−0.0121
2006~2007	−0.0082	43.83	−0.0105	56.17	−0.0187
2007~2008	−0.0030	34.05	−0.0058	65.95	−0.0089
2008~2009	−0.0029	38.93	−0.0045	61.07	−0.0074

资料来源：同图4-1和图4-2。

第二，平均而言，在1980~2009年，效率因素对中国工农业总体水资源消耗强度降低的贡献更大。将16个时间阶段中结构因素和效率因素的贡献值进行简单平均，可以发现效率因素贡献的平均值为−0.0502m³/元，高于结构因素贡献的平均值−0.0294m³/元。不过，效率因素贡献值在不同时间阶段的波动要大于结构因素贡献值。在16个时间阶段中，效率因素贡献值的标准差为0.1285，是结构因素贡献值方差0.0476的2.7倍。这在一定程度上说明，结构因素对中国工农业总体水资源消耗强度降低的贡献在各时间阶段相对平均，没有出现大起大落的现象。就两者的贡献率而言，效率因素贡献率的平均值为54.01%，结构因素的贡献率均值是45.99%。如果将1980~2009年中国工农业总体水资源消耗强度的降低只做一次分解，得到的结果也与此一致。在1980~2009年中国工农业总体水资源强度1.2731m³/元的降幅中，有0.7073是效率因素贡献的，结构因素只贡献了0.5658m³/元。换言之，只做一次分解的话，结构因素对总体水资源消耗强度下降的贡献率为44.44%，效率因素的贡献率为55.56%（见表4-3）。

表4-3 结构因素和效率因素对总体水资源消耗强度影响的描述性统计

项目	平均值	中间值	标准差	最小值	最大值
结构因素贡献值（m³/元）	-0.0294	-0.0090	0.0476	-0.1723	-0.0029
效率因素贡献值（m³/元）	-0.0502	-0.117	0.1285	-0.5431	-0.0035
结构因素贡献率（%）	45.99	42.81	11.9583	24.08	72.32
效率因素贡献率（%）	54.01	57.19	11.9583	75.92	27.68

资料来源：以表4-2中数据为基础计算得出。

第三，分阶段看，结构因素与效率因素对中国工农业总体水资源消耗强度下降的贡献在不同时期存在较大差异。①在1980~1990年，效率因素对总体水资源消耗强度下降的贡献更大，其贡献率高达75.92%；②在1990~1993年、1993~1995年以及1995~1997年这三个时间段效率因素的贡献率大幅降低，相对于结构因素而言贡献较小；③在1997~1998年，效率因素的贡献率急剧攀升至70.64%的高水平，但此后在1998~1999年又大幅下降至27.68%的最低水平；④进入21世纪后，效率因素对工农业总体水资源消耗强度降低的贡献相对稳定，没有像以前那样出现大幅起伏的现象，而且在大部分年份效率因素的贡献率都高于结构因素（如图4-5）。

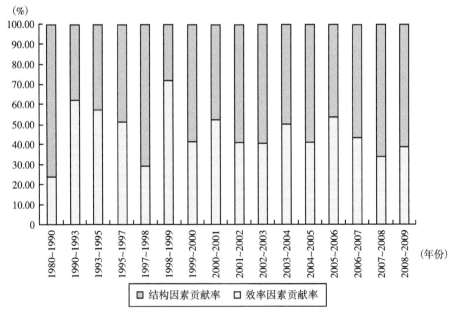

图4-5 结构和效率因素对总体水资源消耗强度变化的贡献率

资料来源：表4-2。

二、水资源边际利用效率区域差异：基于
生产函数的分析

上节从因素分解的角度识别中国工农业总体水资源消耗强度变化的驱动因素，深化了我们对效率因素和结构因素在不同阶段所发挥的作用的认识。不过，也要看到，上述分析是以投入—产出总量指标为基础进行的，这就使得基于水资源消耗强度时序变化的研究更多体现的是历时性的、综合性的水资源利用效率变化。从经济学的角度看，对总体因素的考察固然重要，但更重要的是要理解边际因素如何发生变化。此外，考虑到中国地域广阔，区域间经济发展水平和自然生态环境差异很大这一基本国情，在掌握全国水资源利用效率总体变化情况的条件下，还需要进行深入分析，认清中国各区域水资源利用效率情况。基于此，本节以 2002~2009 年省级面板数据为基础，采用超越对数生产函数分析中国水资源边际利用效率的区域差异。

（一）超越对数生产函数模型

分析水资源边际利用效率需要建立包括水资源投入在内的生产函数。在经济理论研究中，生产函数的一般化表达式是 $Y = f(A, K, L, \cdots)$，其中 Y 表示产出，A、K、L 分别表示技术水平、资本要素投入、劳动力要素投入，并且根据研究需要还可加入其他要素投入。

在研究中，生产函数的具体表达式有多种，主要分为三类，即柯布—道格拉斯（C–D）生产函数、不变替代弹性（CES）生产函数和可变替代弹性（VES）生产函数。这三类生产函数模型在研究中都得到了广泛应用，但它们都是在对投入要素的替代弹性进行一定假设的前提下建立起来的，在现实应用中具有很大的局限性，尤其是在计量经济分析中难以对其参数进行估计。为了克服上述三类模型的不足，Christensen、Jorgenson 和 Lau（1973）提出了限制条件较少的超越对

数生产函数模型。超越对数生产函数模型是一种易估计和包容性很强的变弹性生产函数模型，可以较好研究生产函数中各种投入的相互影响、各种投入技术进步的差异及技术进步随时间的变化。

一般而言，超越对数生产函数可以表示为：

$$\ln y_{it} = \alpha_0 + \sum_j \alpha_j \ln x_{ijt} + \alpha_t t + \frac{1}{2}\left\{ \sum_j \sum_k \alpha_{jk} \ln x_{ijt} \ln x_{jkt} + \alpha_{tt} t^2 \right\} + \sum_j \alpha_{jt} \ln x_{ijt} t$$

其中，$\ln y_{it}$ 是第 i 个省份在 t 年的产出对数值（i = 1，2，…，N；t = 1，2，…，T），$\ln x_{ijt}$ 和 $\ln x_{jkt}$ 是第 i 个省份在 t 年第 j 种和第 k 种要素的投入量对数值。由于本节主要分析中国水资源边际利用效率区域差异，所以要素投入包括资本、劳动力和水资源，即 j，k = 1，2，3。

具体而言，以地区生产总值（GDP_t）表示 t 年的产出，本节设定的包括资本（K）、劳动力（L）和水资源（W）三种投入要素的超越对数生产函数可以用下式来表达，[①] 即

$$\ln GDP_t = A + \alpha_t t + \alpha_k \ln K_t + \alpha_l \ln L_t + \alpha_w \ln W_t$$

$$+ \frac{1}{2}(\alpha_{kl} \ln K_t \ln L_t + \alpha_{kw} \ln K_t \ln W_t + \alpha_{lw} \ln L_t \ln W_t)$$

$$+ \frac{1}{2}(\alpha_{kk}(\ln K_t)^2 + \alpha_{ll}(\ln L_t)^2 + \alpha_{ww}(\ln W_t)^2 + \alpha_{tt} t^2)$$

$$+ \alpha_{kt}(\ln K_t)t + \alpha_{ll}(\ln L_t)t + \alpha_{ww}(\ln W_t)t \qquad (4\text{--}4)$$

由式（4-4）可以求得资本、劳动力、水资源 3 种要素投入的产出弹性：[②]

$$\eta_k = \frac{\partial GDP/GDP}{\partial K/K} = \frac{\partial \ln GDP}{\partial \ln K} = \alpha_k + \frac{1}{2}(\alpha_{kl}\ln L + \alpha_{kw}\ln W + 2\alpha_{kk}\ln K) + \alpha_{kt}t \quad (4\text{--}5)$$

$$\eta_l = \frac{\partial GDP/GDP}{\partial L/L} = \frac{\partial \ln GDP}{\partial \ln L} = \alpha_l + \frac{1}{2}(\alpha_{kl}\ln K + \alpha_{lw}\ln W + 2\alpha_{ll}\ln L) + \alpha_{lt}t \quad (4\text{--}6)$$

$$\eta_w = \frac{\partial GDP/GDP}{\partial W/W} = \frac{\partial \ln GDP}{\partial \ln W} = \alpha_w + \frac{1}{2}(\alpha_{kw}\ln K + \alpha_{lw}\ln L + 2\alpha_{ww}\ln W) + \alpha_{wt}t \quad (4\text{--}7)$$

① 为简便起见，在此省略了对省份进行排序的指标 i。也就是说，对该式所有变量加注下标 i，既可以得到第 i 个省份在 t 年的超越对数生产函数。
② 为简便起见，各要素的产出弹性表达式均省略了下标 i 和 t。

进一步地，根据式（4-7）可以求得水资源投入的边际价值：

$$\frac{\partial GDP}{\partial W} = \frac{\partial \ln GDP}{\partial \ln W} \cdot \frac{Y}{W} = \eta_w \cdot \frac{Y}{W}$$

$$= \left\{ \alpha_w + \frac{1}{2}(\alpha_{kw}\ln K + \alpha_{lw}\ln L + 2\alpha_{ww}\ln W) + \alpha_{wt}t \right\} \cdot \frac{Y}{W} \qquad (4-8)$$

于是，通过计量分析方法估计出式（4-4）中的各个参数后，就可以根据式（4-8）求出水资源投入边际价值。

（二）样本和数据

如前文所述，在现有统计资料中，有关各省级行政区水资源消费量和经济增长的连续数据最早从 2002 年开始。因此，本节以 2002~2009 年作为样本期。另外，对式（4-4）表示的超越对数生产函数进行估计时，需要用到资本存量和劳动力投入数据。由于历史数据缺失，重庆的数据合并在四川内，海南、西藏未包括在样本中。因此，本节分析计量的是 2002~2009 年中国大陆 28 个省级行政区的相关数据。

其中，各省级行政区地区生产总值（GDP），单位为亿元，为消除价格变化带来的影响，将其调整为 1990 年定基可比数值；数据主要来自《中国统计年鉴》历年各卷。资本存量（K）的估算方法是：首先，采用各地区固定资产投资价格指数将历年的投资调整为 1990 年价格；其次，根据 1952 年投资总额除以该时期平均投资增长率得到当年初始资本存量；最后，此后历年资本存量根据永续盘存法计算，折旧率采用张军、吴桂英和张吉鹏（2004）的计算结果（9.6%），原始数据来自《中国统计年鉴》和《中国固定资产投资统计数典》，单位为亿元。劳动力（L）为全社会从业人员数与平均受教育年限的乘积，原始数据取自《中国统计年鉴》历年各卷，单位为万人·年。水资源（W）以用水总量表示，该变量为实物量指标，数据取自《中国水资源公报》历年各卷，单位为亿 m^3。

(三) 水资源边际利用效率估计结果

以 2002~2009 年中国 28 个省级行政区的地区生产总值（GDP）、资本投入（K）、劳动力投入（L）、水资源投入（W）数据为基础，应用面板数据计量分析方法对式（4-4）表示的超越对数生产函数进行估计，[1] 得到相关参数的估计值后，再根据式（4-8）计算出各省级行政区在各年的水资源投入边际效率。

附表 4-1 给出了水资源边际利用效率估计结果。分析该表中 2002~2009 年中国省际水资源边际利用效率变化情况，可以得到以下结论：

第一，从横向比较的角度看，各省级行政区的水资源边际利用效率差异较大，发达地区的水资源边际利用效率显著高于欠发达地区。表 4-4 列出了各年处于 28 个省级行政区水资源边际利用效率平均值上下的省份。显而易见，以平均水平划分的水资源边际利用效率高低两个阵营相当稳定。2002~2009 年，山东、河南、四川、浙江、辽宁、广东、河北、北京、山西、陕西 10 个省级行政区一直处于高边际效率集团，江苏只有 2004 年落入了低边际效率阵营，安徽则在 2008~2009 年跌入低边际效率阵营。湖北、湖南、福建、贵州、云南、吉林、江西、黑龙江、广西、天津、甘肃、上海、内蒙古、青海、宁夏、新疆 16 个省级行政区一直在低边际效率阵营中徘徊。比较水资源边际利用效率水平高阵营与低阵营可以发现，前者基本上都是由经济发展水平较高的省份组成，而后者中除上海、天津、福建之外都属于中西部欠发达省级行政区。上海和天津的水资源边际利用效率相对较低的原因主要是其水资源强度（W/Y）偏高[2]（即式（4-8）中的（Y/W）偏低），从而导致根据式（4-8）计算的水资源边际利用效率不高（见表 4-4）。

---

[1] 面板数据估计方法及程序同第三章，此处不再重复介绍。

[2] 以 2009 年为例，按当年价格计算的单位地区生产总值水资源消耗强度（W/Y）：北京为 0.0029m³/元，上海和天津分别为 0.0031m³/元和 0.0083m³/元。在技术、资本、劳动力等其他要素的投入数量和重要性差异不大的情况下，水资源消耗强度（W/Y）上的差距最终会体现在水资源边际利用效率上。

表4-4　中国水资源边际利用效率区域差异

年份	水资源边际利用效率高于平均水平的省级行政区 （按效率值由高到低排序）	水资源边际利用效率低于平均水平的省级行政区 （按效率值由高到低排序）
2002	山东、河南、四川、浙江、辽宁、广东、河北、北京、山西、安徽、陕西、江苏	湖北、湖南、福建、贵州、云南、吉林、江西、黑龙江、广西、天津、甘肃、上海、内蒙古、青海、宁夏、新疆
2003	山东、河南、四川、浙江、辽宁、河北、广东、北京、山西、安徽、陕西、江苏	湖北、福建、湖南、贵州、江西、云南、吉林、广西、黑龙江、上海、甘肃、天津、内蒙古、青海、宁夏、新疆
2004	山东、河南、浙江、四川、河北、北京、广东、辽宁、山西、陕西、安徽	江苏、湖北、湖南、福建、云南、贵州、吉林、江西、广西、黑龙江、上海、甘肃、天津、内蒙古、青海、宁夏、新疆
2005	山东、河南、广东、浙江、北京、四川、河北、辽宁、山西、陕西、安徽、江苏	湖北、福建、湖南、云南、贵州、吉林、江西、天津、广西、黑龙江、上海、甘肃、内蒙古、青海、宁夏、新疆
2006	山东、北京、浙江、广东、河南、四川、河北、辽宁、山西、陕西、江苏、安徽	湖北、福建、湖南、云南、贵州、天津、吉林、江西、上海、广西、黑龙江、甘肃、青海、内蒙古、宁夏、新疆
2007	山东、北京、河南、广东、浙江、四川、河北、辽宁、山西、陕西、江苏、安徽	湖北、湖南、福建、天津、云南、贵州、吉林、江西、广西、上海、黑龙江、甘肃、青海、内蒙古、宁夏、新疆
2008	山东、北京、广东、浙江、河南、四川、河北、辽宁、山西、陕西、江苏	安徽、湖北、湖南、福建、云南、贵州、吉林、江西、广西、上海、黑龙江、甘肃、天津、青海、内蒙古、宁夏、新疆
2009	山东、北京、浙江、广东、河南、河北、四川、辽宁、山西、陕西、江苏	安徽、湖北、福建、湖南、云南、贵州、江西、广西、天津、吉林、上海、黑龙江、甘肃、青海、内蒙古、宁夏、新疆

资料来源：根据附表4-1整理。

　　第二，从纵向比较的角度看，各省级行政区的水资源边际利用效率提高趋势明显，但是发达地区的提高速度更快、改善程度更显著，欠发达地区的上升速度较慢、改善程度较小。2002~2009年，在全部28个省级样本中，没有一个省的水资源边际利用效率降低。所有省级行政区的水资源边际价值都有所提高，只是提高的幅度有大有小而已。从水资源边际利用效率提高幅度的绝对值看，山东排名第一，从2002年的21.09元/m³到2009年的54.61元/m³，提高了33.52元/m³；北京、浙江、广东、河北的水资源利用边际效率增幅分别位居第二、第三、第四、第五位，增幅绝对值分别是30.59元/m³、21.69元/m³、19.73元/m³和15.09元/m³。

新疆、内蒙古、宁夏 3 个自治区的水资源边际利用效率提高幅度处于倒数第一、第二、第三位，2002~2009 年分别提高了 0.02 元/m³、0.43 元/m³、0.78 元/m³，与山东等增幅靠前的省份相比，水资源利用效率改善程度差距很大。不过，考察水资源边际利用效率提高速度会看到略显不同的景象。2002~2009 年，28 个样本省级行政区中水资源边际利用效率增速最快的是北京，年均上升 21.13%；紧随其后的是宁夏，年均提高 17.59%；然后依次排在第三、第四、第五位的是上海（17.43%）、浙江（15.07%）和山东（14.56%）。这表明，尽管到 2009 年宁夏的水资源边际利用效率绝对水平仍然很低，但与 2002 年相比已经有了很大的变化。在此期间，新疆的水资源边际利用效率的提高速度排名最后，平均每年只上升 1.8 个百分点；水资源边际利用效率改善速度排名倒数第二、第三、第四、第五位的分别是内蒙古（3.27%）、黑龙江（4.59%）、安徽（4.89%）、吉林（5.13%）。进一步分析可以发现，水资源利用边际效率提升速度靠后的省份，基本上都是经济发展水平相对较低的省份。在这些省份，一方面由于经济增长主要依靠农业或高耗水的重化工业的增长，导致单位产出的水资源强度（W/Y）难以降低，从而使得式（4-8）中的（Y/W）提高速度较慢；另一方面在其经济发展中技术、资本和劳动力在经济发展中重要性相对较低，而且资本积累和劳动力数量（就业岗位）的增长速度也不高，体现在水资源边际利用效率提高上就是式（4-8）中的 α_t、α_{wt}、$\alpha_{kw}\ln K$ 以及 $\alpha_{lw}\ln L$ 等项的上升速度较慢。[①] 这两方面的因素综合在一起，最终使得欠发达地区水资源利用边际效率的改善面临诸多障碍。

上述两方面的结论具有重要的政策含义：

一是南水北调工程规划、布局及实施要充分考虑北方地区各省级行政区的水资源边际利用效率。对于水资源十分短缺的北方地区而言，即使规划中的南

---

① 以水资源边际利用效率上升幅度最低的新疆为例，在 2002~2009 年，按 1990 年不变价格计算的单位地区生产总值水资源强度仅从 0.5816m³/元下降到 0.3169m³/元，年均降低 8.31%。同处西部地区的陕西的水资源强度则从 2002 年的 0.0602m³/元降低至 2009 年的 0.0260m³/元，平均每年下降 11.30%。在资本存量和劳动力投入量方面，2002~2009 年新疆的年平均增速分别为 12.94%、1.62%，而陕西平均每年分别增长 17.48%、2.44%。

水北调工程的东、中、西三条线路①都能修通，用水紧张的局面或许能得到一定程度的缓解，但很难从根本上改变北方地区的水资源供需紧张的形势。②从经济学的角度看，稀缺的资源应该配置到边际价值最高的地方，这样从全社会的角度看，资源配置才是最优的。也就是说，南水北调工程作为国家财政投资的大型项目，其调水量分配要优先考虑山东、北京、河南等水资源边际利用效率高的地区。

二是加强水资源管理，尤其是制定江河流域水量分配方案时，需要充分考虑水资源边际利用效率的区域差异。2011 年 3 月发布实施的《中华人民共和国国民经济和社会发展第十二个五年规划纲要》明确规定："实行最严格的水资源管理制度，加强用水总量控制与定额管理……加快制定江河流域水量分配方案……建设节水型社会。"在制定实施相关配套措施时，在满足基本生活用水的前提下，要把水资源边际利用效率作为用水量定额和江河流域水量分配的重要依据，从而尽可能降低因为用水总量控制造成的潜在经济损失。

三、小结

本章在描述中国水资源综合利用效率时序变化的基础上，运用拉氏指数分解模型考察了导致中国工农业总体水资源利用效率提高的结构与效率因素，并且采

---

① 南水北调工程东、中、西三条线的基本格局是："东线提引长江水量，向淮河下游、沂沭泗平原、南四湖地区、胶东地区和海河中东部平原供水，解决苏北、胶东半岛和河北省东部及天津市的缺水及生态环境问题；中线引汉江丹江口水库的水补给唐白河流域、淮河中上游和海河流域的中西部平原，解决河南、河北两省及北京市的缺水问题；西线工程从长江干支流源头段引水入黄河上游，虽无特定供水对象，但可从源头上补水，使黄河上中游支流建设全面发展和解决干流扬黄、自流引黄及冲沙和生态用水"。（参见钱正英，张光斗.中国可持续发展水资源战略研究综合报告及各专题报告 ［M］.北京：中国水利水电出版社，2001：242）

② 根据南水北调工程远景目标，东、中、西三条线到 2050 年共实现 460 亿 m³ 的调水量（参见《中国可持续发展水资源战略研究综合报告及各专题报告》，第 244 页），这也仅仅相当于山东、河南两省 2009 年的用水量之和而已，相对于北方地区巨大水资源供需缺口而言，这很难从根本上解决问题。

用超越对数生产函数模型对 2002~2009 年中国 28 个省级行政区的面板数据进行估计，得到了各省级行政区的边际水资源利用价值。本章主要分析结论可以总结如下：

（1）在 1980~2009 年，尽管中国单位 GDP 水资源消耗强度绝对下降幅度表现出"先大后小"的特征，但其下降速度基本稳定且呈逐年加快的态势。

（2）在 1980~2009 年，从绝对值上看，农业水资源消耗强度远高于工业，而且随着时间的推移，两者之间的相对差异略有缩小后，逐渐变得越来越大。

（3）在 1980~2009 年，从时序变化的角度看，工农业总体水资源强度与农业部门的相对差异越来越大。

（4）分阶段看，在 1980~1990 年，农业水资源消耗强度降低的速度要快于工业，此后尽管工业水资源消耗强度降低速度有所波动，但一直都快于农业部门水资源消耗强度的下降速度。

（5）对 1980~2009 年中国工农业总体水资源消耗强度变化的因素分解结果显示：①总体而言，在 16 个时间阶段中，结构因素和效率因素的贡献值均为负；②平均而言，1980~2009 年，效率因素对中国工农业总体水资源消耗强度降低的贡献更大；③分阶段看，结构因素与效率因素对中国工农业总体水资源消耗强度下降的贡献在不同时期存在较大差异。

（6）对 2002~2009 年中国省际水资源边际利用效率估计结果表明：①从横向比较的角度看，各省级行政区的水资源边际利用效率差异较大，发达地区的水资源边际利用效率显著高于欠发达地区；②从纵向比较的角度看，各省级行政区的水资源边际利用效率提高趋势明显，但是发达地区的提高速度更快、改善程度更显著，欠发达地区的上升速度较慢、改善程度较小。这些结论对于南水北调工程调水量分配、为实现加强水资源管理目标而开展的用水量定额和江河流域水量分配工作等都具有重要的参考价值，其基本思想是要把稀缺的水资源分配到边际利用价值最高的地区去。这样才能从整体上提高水资源配置效率，尽最大可能降低由于用水总量控制带来的潜在经济损失。

附表 4-1　中国各省级行政区水资源边际利用效率

单位：元/m³

省级行政区	2002 年	2003 年	2004 年	2005 年	2006 年	2007 年	2008 年	2009 年
北京	10.82	13.18	16.22	18.46	24.79	31.19	35.01	41.41
天津	2.55	2.57	2.54	4.53	5.79	8.25	3.32	6.62
河北	12.00	14.35	16.25	17.19	18.79	20.94	23.97	27.09
山西	10.58	12.71	14.04	15.16	16.09	18.41	20.15	20.39
内蒙古	1.70	1.79	2.01	2.09	2.01	2.10	2.12	2.13
辽宁	12.60	14.39	15.91	16.72	17.76	19.67	21.13	24.26
吉林	4.46	4.80	5.97	5.78	5.78	6.05	6.42	6.33
黑龙江	3.60	4.02	4.15	4.25	4.41	4.77	5.00	4.93
上海	2.03	3.11	3.50	3.98	5.02	5.21	5.82	6.25
江苏	7.91	9.98	9.33	11.13	12.21	13.92	15.75	18.04
浙江	12.98	15.16	17.50	18.70	22.93	26.48	28.42	34.67
安徽	9.62	12.31	11.42	12.07	11.69	13.58	13.07	13.44
福建	5.83	6.56	7.09	7.71	8.93	9.56	10.61	12.52
江西	3.81	5.37	4.85	4.99	5.65	5.76	6.38	6.93
山东	21.09	26.84	31.33	35.68	38.45	44.87	49.58	54.61
河南	15.10	19.15	20.31	22.73	22.02	26.91	27.16	28.63
湖北	6.24	7.20	8.14	8.42	9.55	10.87	11.79	12.88
湖南	6.14	6.45	7.12	7.63	8.57	9.95	11.11	12.47
广东	12.56	13.93	15.99	19.41	22.68	26.62	29.62	32.29
广西	3.54	4.17	4.48	4.42	5.01	5.61	6.10	6.83
四川	14.29	15.58	16.82	17.62	19.64	22.09	24.39	26.43
贵州	5.17	5.45	6.03	6.07	6.67	7.91	8.44	9.40
云南	4.89	5.20	6.35	6.42	7.45	8.05	8.84	9.72
陕西	9.38	11.55	12.58	12.85	13.50	15.78	16.95	18.40
甘肃	2.27	2.65	2.95	2.95	3.11	3.54	3.76	4.14
青海	1.63	1.57	1.70	2.01	2.14	2.47	2.72	3.38
宁夏	0.37	0.54	0.50	0.67	0.75	0.92	1.07	1.15
新疆	0.15	0.14	0.17	0.13	0.13	0.16	0.16	0.17

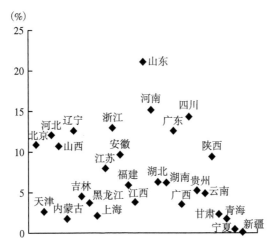

附图4-1 2002年水资源边际利用效率

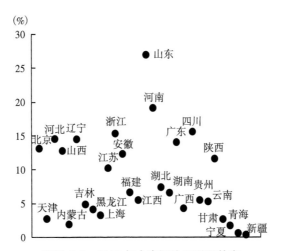

附图4-2 2003年水资源边际利用效率

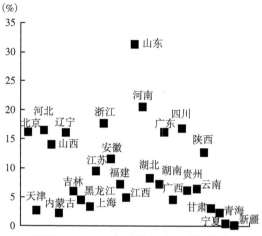

附图 4-3　2004 年水资源边际利用效率

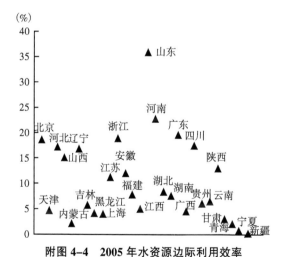

附图 4-4　2005 年水资源边际利用效率

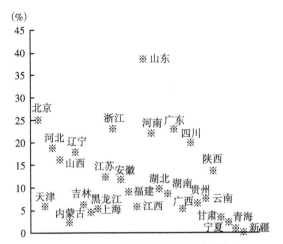

附图 4-5 2006 年水资源边际利用效率

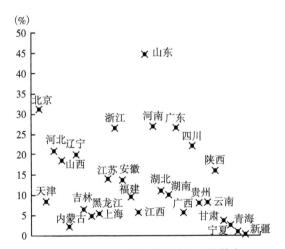

附图 4-6 2007 年水资源边际利用效率

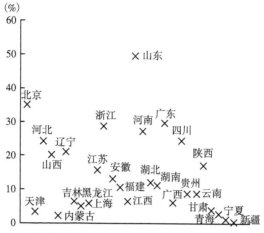

附图 4-7 2008 年水资源边际利用效率

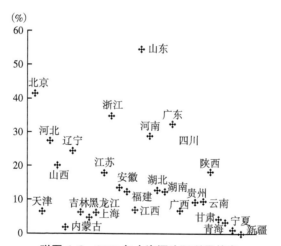

附图 4-8 2009 年水资源边际利用效率

第五章 中国工业部门水资源利用
效率及其影响因素

上一章对 1980~2009 年中国工农业总体水资源消耗强度变化的因素分解结果表明，尽管在 16 个时间段中结构因素和效率因素的贡献值均为负，但平均而言效率因素对中国工农业总体水资源消耗强度降低的贡献更大。根据因素分解方法的基本原理可知，对水资源消耗强度降低进行因素分解得到的结构因素和效率因素的贡献率，在很大程度上会受到行业分类层次的影响。

一般而言，行业分类层次越高，结构因素的贡献就会显得越低。① 例如，在上一章对工农业总体水资源消耗强度变化的因素分解结果中，工农业产出比重不变情况下的总体水资源消耗强度的变化量都归于效率因素的贡献，即农业和工业部门水资源利用效率的提高。事实上，农业部门和工业部门又包含诸多行业，在农业部门和工业部门的产出比重不变的情况下，其内部各行业产出比重的调整，也会对部门水资源利用效率产生影响。在农业、工业两部门因素分解模型中体现为效率因素的贡献。

以工业部门为例，在工业产出占工农业总产出比例不变的情况下，如果单位产出水资源强度低的行业（例如通信设备、计算机及其他电子设备制造业）的产出占工业产出之比重提高，单位产出水资源强度高的行业（例如电力、热力的生产和供应业）的产出占工业产出的比重下降，那么工业部门单位产出水资源强度就会降低，即水资源利用效率提高。体现在工农业总体水资源强度变化的因素分

---

① 吴滨、李为人（2007）以拉氏因素分解模型为基础从理论上证明了这一观点。

解结果中，就是效率因素的贡献值提高。

换言之，部门内部行业结构调整产生的结构性节水效果，在部门间的因素分解模型中是反映不出来的。如果不在更低层次上对单位产出水资源利用强度变化进行分解，仅根据工农业总体水资源消耗强度变化因素分解结果就做出判断，很可能会高估水资源利用效率的改善程度。假如将其作为制定相关节水政策的参考依据，进而把政策重点放在引导和鼓励工农业部门之间的结构调整上，那么很难取得预期的节水效果。

在工业用水占全社会用水总量比重不断提高（见表 2-4）、单位工业增加值水资源消耗大幅下降（见图 5-1）、对工农业总体水资源消耗效率较低做出重要贡献的情况下，有必要在更低的产业层次上进行分析，以更加准确地确定结构因素和效率因素对水资源消耗强度下降的贡献，更好地夯实节水政策制定依据。

陈东景（2008）以及陈雯、王湘萍（2011）利用因素分解模型对工业水资源消耗强度变化做了比较深入的分析。不过，他们的分析都存在改进的空间。

一方面，他们都用水资源消耗量与行业总产值之比作为衡量工业行业水资源消耗强度的指标。这样的分析固然能在一定程度上区分工业水资源消耗强度降低的结构因素贡献和效率因素贡献，但很难将其与工农业总体水资源消耗强度变化的因素分解结果连接起来。因为在分析中是用水资源消耗量与增加值之比作为衡量水资源消耗强度的指标。而且，用水资源消耗量与行业总产值之比作为衡量工业行业水资源消耗强度的指标，很可能会低估那些增加值率较低的行业（如黑色金属冶炼及压延加工业，电力、热力的生产和供应业等）的水资源消耗强度，从而高估这些行业的水资源利用效率。在这些行业产出比重提高的情况下，就会从整体上高估工业部门的水资源利用效率。

另一方面，陈东景（2008）以及陈雯、王湘萍（2011）的样本区间分别是2002~2005 年、1996~2006 年，考虑到中国从 2003 年开始统一使用新的《国民经济行业分类》国家标准（GB/T4754-2002），其中工业行业分类与此前有一定差异。[①]受此影响，如果像陈东景（2008）那样不对统计标准变更前后的工业行业数据进行归并调整，就会由于统计范围不一致，使相关分析缺乏稳固的数据基础，从而影响分析结论的稳健性；若像陈雯、王湘萍（2011）那样以统计标准变更前的行业划分为基础，将其后的行业数据合并调整到此前的行业范围内，虽然解决了行业数据的可比性问题，但也造成了分析结论对现实的指导意义不强的问题。

　　基于此，本章首先以 2003~2007 年中国 38 个两位数工业行业数据为基础，利用 AWD 因素分解模型确定工业部门水资源消耗强度变化的结构因素和效率因素贡献，然后讨论结构因素份额和效率因素份额在各工业行业之间的分布状况。以此为基础，提出：从政策资源优化配置的角度看，工业节水政策应该以提高各工业行业水资源利用效率为重点，并且要改革现行以财政补贴为主要手段的盯住重点领域型工业节水政策框架，建立起以价格等市场工具为基础的普适型政策框架（如图 5-1）。

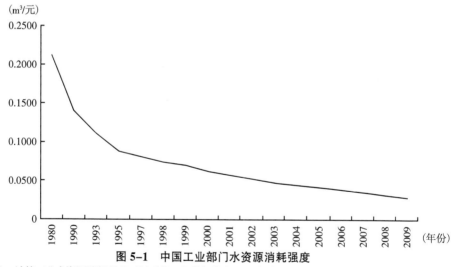

图 5-1　中国工业部门水资源消耗强度

注：计算工业水资源消耗强度时用到的工业增加值为 1978 年定基可比数据。

资料来源：1980 年、1990 年工业水资源消耗数据来源于《水利辉煌 50 年》；1993 年工业水资源消耗数据来源于《21 世纪中国水供求》；1995 年工业水资源消耗数据取自《全国水资源综合规划》第一阶段调查评估成果；其他年份工业水资源消耗数据均来源于《中国水资源公报》（1997~2009 年）；各年工业增加值数值及按不变价格计算的工业产值指数都来源于《中国统计年鉴 2010》。

---

① 具体参见国家统计局设计管理司. 新行业分类的变动和注意的问题 [J]. 中国统计，2003(3)：9-13.

中国水资源利用效率研究

一、工业行业水资源消耗强度

水是工业生产活动的重要投入品，根据其用途大致可将工业用水分为三大类：主要生产用水、辅助生产用水、附属生产用水。其中，主要生产用水是指与工业制成品的整个过程直接相关的各类用水，主要包括产品含水和工艺用水；辅助生产用水是指为主要生产服务的各种辅助生产装置的自用水量，主要包括锅炉用水、化学水处理站用水、机电维修用水、空压机和鼓风机站用水、氧气站用水、检验化验用水、储运用水、污水处理场用水及其他辅助生产装置用水等；附属生产用水是指厂区内为主要生产和辅助生产服务的各种生活用水和杂用水，主要包括各级管理部门的办公场所用水、食堂餐饮用水、卫生诊疗部门用水、厕所卫浴用水、绿化环卫用水及其他杂用水等。

中国国家环保总局①《中国环境年鉴》提供的工业行业水资源消耗数据包括用水总量、新鲜水量、重复用水量，其中用水总量等于新鲜水量加上重复用水量。从资源消耗的角度看，重复用水量并没有形成对地表水或地下水的取用，从而没有增加水资源消耗，因此要用新水取用量作为衡量工业行业水资源消耗量的指标。新水取用量为实物量指标，无须进行价格调整。进一步地，水资源消耗效率是一个相对指标，需要将水资源消耗量与产出进行对比才能判断其效率水平的高低。考虑到前面分别用 GDP、工农业增加值等增量指标作为相应水资源消耗效率中的产出度量指标，本章采用各工业行业增加值作为产出指标。工业行业增加值为价值量指标，为消除价格因素的影响，本章将 2003~2007 年各工业行业增加值调整为 2005 年定基可比数值。

---

① 2008 年后改为环境保护部，在本章分析的样本区间 2003~2007 年，《中国环境年鉴》均由当时的国家环保总局编辑出版。

与前文的表述一致，本章用工业行业水资源消耗强度，即单位工业增加值的水资源消耗量，来表示水资源利用效率。水资源强度越低，表明单位工业增加值的新水取用量越少，从而水资源利用效率越高。对 2003~2007 年 39 个工业行业水资源消耗强度水平及变化情况的数据（见表 5-1）进行分析，可以得到以下结论：

表 5-1　中国工业行业水资源消耗强度

单位：m³/万元

行业名称	2003 年	2004 年	2005 年	2006 年	2007 年
煤炭开采和洗选业	39.80	26.64	17.70	16.58	35.79
石油和天然气开采业	12.83	8.85	7.17	5.61	15.68
黑色金属矿采选业	137.47	66.38	61.47	53.32	80.13
有色金属矿采选业	136.54	120.32	91.70	81.83	49.35
非金属矿采选业	73.57	60.97	69.69	45.76	124.78
其他采矿业	360.74	187.05	250.74	392.29	22.21
农副食品加工业	68.72	58.89	49.84	33.95	27.88
食品制造业	64.20	54.38	45.89	40.41	32.48
饮料制造业	54.04	51.31	52.52	55.60	43.38
烟草制品业	2.98	2.47	2.21	2.06	2.20
纺织业	80.89	67.93	62.44	61.17	55.33
纺织服装、鞋、帽制造业	6.40	12.73	7.69	9.36	20.40
皮革毛皮羽毛（绒）及其制品业	22.65	24.88	22.11	21.15	23.54
木材加工及木、竹、藤、棕、草制品业	28.91	25.76	16.43	10.78	15.77
家具制造业	2.67	2.47	4.00	2.38	15.39
造纸及纸制品业	481.07	407.00	370.71	329.50	156.98
印刷业和记录媒介的复制	5.63	4.11	4.43	2.86	17.45
文教体育用品制造业	3.00	2.81	2.90	2.66	23.64
石油加工、炼焦及核燃料加工业	147.38	122.31	106.35	54.17	37.72
化学原料及化学制品制造业	168.36	122.58	109.35	94.80	73.16
医药制造业	39.40	43.62	33.60	36.82	32.41
化学纤维制造业	183.97	155.93	133.14	107.30	70.15
橡胶制品业	23.82	17.22	15.07	12.35	21.07
塑料制品业	3.96	4.46	2.74	2.95	16.80
非金属矿物制品业	42.22	34.70	41.21	23.12	30.72

续表

行业名称	2003 年	2004 年	2005 年	2006 年	2007 年
黑色金属冶炼及压延加工业	121.10	84.91	70.28	57.22	41.88
有色金属冶炼及压延加工业	53.74	40.89	42.63	23.59	27.60
金属制品业	17.77	14.63	16.10	12.73	17.10
通用设备制造业	10.03	10.91	7.59	4.50	9.88
专用设备制造业	16.57	9.66	9.44	6.53	12.78
交通运输设备制造业	16.41	14.69	8.67	7.34	12.44
电气机械及器材制造业	7.04	3.67	3.05	2.44	10.03
通信设备、计算机及其他电子设备制造业	4.41	3.85	4.25	4.54	12.87
仪器仪表及文化、办公用机械制造业	25.08	22.50	12.42	10.71	9.40
工艺品及其他制造业	5.98	5.37	4.60	4.14	26.61
废弃资源和废旧材料回收加工业	64.35	10.57	5.07	5.90	12.98
电力、热力的生产和供应业	1039.95	855.39	747.62	540.68	476.66
燃气生产和供应业	71.62	39.87	43.68	31.71	28.11
水的生产和供应业	302.94	289.62	377.48	143.52	NA
工业全行业平均	143.66	115.29	100.16	72.11	64.49

注：计算工业水资源消耗强度时用到的工业增加值为 2005 年定基可比数据；2007 年水的生产和供应业的取水量数据缺失，故无法计算其水资源消耗强度。

资料来源：2003~2006 年各工业行业取水量数据来源于《中国环境年鉴》（2003~2006）；2007 年各工业行业取水量数据来源于《中国经济普查年鉴 2008·能源卷》；各年工业增加值数值及按不变价格计算的工业产值指数来源于《中国统计年鉴》和《中国工业经济统计年鉴》历年各卷。

第一，从横向比较的角度看，各工业行业水资源消耗强度存在显著差异，电力、化工等重化工行业单位工业增加值的新水取用量明显高于烟草制品、家具制造等轻工行业。在 2003~2007 年，电力、热力的生产和供应业的单位工业增加值的新水取用量在 39 个工业行业中都是最高的，位居其后的其他高耗水工业行业依次是造纸及纸制品业，其他采矿业，化学原料及化学制品制造业，石油加工、炼焦及核燃料加工业等。[1] 与此形成鲜明对比的是，烟草制品业，家具制造业，

---

① 在有数据的四年里，除 2006 年以外水的生产和供应业单位工业增加值的新水取用量仅次于电力、热力的生产和供应业与其他采矿业。在全部 39 个工业行业中位居第三，但考虑到此行业的生产特性与其他工业行业不同，水是其最主要的投入品，所以本章在分析各工业行业水资源消耗效率之间的差异时，基本不将其纳入比较范围。

文教体育用品制造业，塑料制品业，通信设备、计算机及其他电子设备制造业等工业行业的单位工业增加值的新水取用量远低于高耗水工业行业。

以 2005 年为例，电力、热力的生产和供应业每万元工业增加值的新水取用量高达 747m³，分别是烟草制品业，塑料制品业，文教体育用品制造业，家具制造业，通信设备、计算机及其他电子设备制造业的 338 倍、272 倍、257 倍、186 倍、176 倍。由于电力、化工等高耗水行业在工业产出中占有较高份额，从而使工业部门新水取用量集中在这些行业。

由图 5-2 可知，2003 年电力行业的新水取用量占工业行业新水取用量的 63%，加上化工、钢铁（即黑色金属冶炼及压延加工业）、造纸 3 个高耗水行业，它们消耗的水资源占工业部门水资源消耗总量的 81%，其他 35 个工业行业的新水取用量占比尚不及 20%。2007 年，工业新水取用量高度集中的情况有所变化，钢铁行业退出了水资源消耗量最大的四强行业，取而代之的是纺织业。电力、化工、造纸、纺织 4 大高耗水行业消耗的水资源占工业部门水资源消耗总量的 76%，比重较 2003 年略有降低，但仍处在很高的水平；其他 35 个工业行业的新水取用量占比为 26%，比 2003 年提高了 7 个百分点（见图 5-3）。即便如此，与电力、化工、造纸等行业增加值占全部工业增加值的比重相比，高耗水行业新水

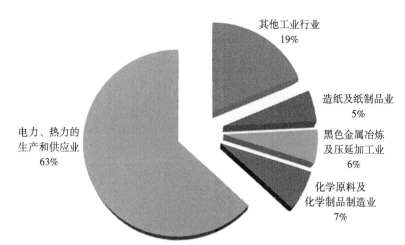

图 5-2　工业新水取用量行业分布（2003 年）

资料来源：2003 年各工业行业新水取用量数据来源于《中国环境年鉴 2003》；2007 年各工业行业新水取用量数据来源于《中国经济普查年鉴 2008·能源卷》。

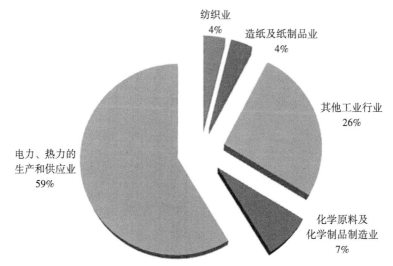

图 5-3　工业新水取用量行业分布（2007 年）

资料来源：2003 年各工业行业新水取用量数据来源于《中国环境年鉴 2003》；2007 年各工业行业新水取用量数据来源于《中国经济普查年鉴 2008·能源卷》。

取用量占比仍然偏高。2007 年，按当年价格计算，电力、化工、造纸、纺织 4 个高耗水行业的增加值占工业增加值的比重仅为 19.5%。换言之，这 4 大高耗水行业以其不到工业全行业 1/5 的增加值消耗了近 4/5 的水资源。由此可见，提高高耗水工业水资源利用效率之迫切。

从工业节水的角度看，新水取用量主要集中在电力、化工、造纸等行业，这就要求突出重点，以高耗水行业的产品含水、工艺用水为主要对象，从淘汰落后用水工艺、设备和产品，推广节水工艺技术和设备，加强重点行业取水定额管理，提高新建高耗水工业行业准入门槛，推进企业水资源循环利用和工业废水处理回用等方面采取措施，切实降低高耗水工业行业新水取用量，使单位工业增加值水资源消耗强度明显下降[①]。

---

① 在这个问题上，由于现行行政管理体制中"条块分割"的影响，中国政府有关部门的一些做法需要改进。例如，电力、热力的生产和供应业在统计上归属于工业部门，但在行政管理上主要归属于中央和地方政府的发展和改革部门、国有资产监管部门以及电力监管部门。中央和地方政府的工业主管部门对电力企业并无实际的管理权限。于是，就出现了中国工业和信息化部印发的《关于进一步加强工业节水工作的意见》（工信部节〔2010〕218 号）并没有把用水量占比最高、单位工业增加值耗水量最高的电力、热力的生产和供应业放进工业节水工作的重点领域。

第二，从纵向比较的角度看，各工业行业水资源消耗强度基本上都呈持续下降态势。在2003~2006年，除其他采矿业，饮料制造业，纺织服装、鞋、帽制造业，通信设备、计算机及其他电子设备制造业4个行业之外，其他35个工业行业单位增加值新水取用量都有所降低。但若将考察区间放在2003~2007年，水资源消耗强度不降反升的行业就增加到10个，它们是石油和天然气开采业，非金属矿采选业，纺织服装、鞋、帽制造业，皮革、毛皮、羽毛（绒）及其制品业，家具制造业，印刷业和记录媒介的复制，文教体育用品制造业，塑料制品业，通信设备、计算机及其他电子设备制造业以及工艺品及其他制造业。分析水资源消耗强度下降趋势在2007年出现逆转的行业，可以发现绝大部分都是轻工行业。轻工行业企业数量多而且比较分散，新水取用量统计上的误差很可能会大于电力、钢铁、化工等重化工行业。而2007年数据为第二次经济普查数据，其中对中小型轻工业企业新水取用量的统计应该更加准确。从这方面看，与2003~2006年各工业行业水资源消耗强度的变化情况相比，2003~2007年的变化应该能更好地反映实际情况。

　　就2003~2007年单位工业增加值新水取用量降幅绝对值而言，电力、化工、钢铁、纺织、造纸等重化工行业位居前列。其中，电力、热力的生产和供应业水资源消耗强度下降幅度最大，高达563.29m³/万元；其他采矿业的单位工业增加值新水取用量降低幅度位居第二，为338.53m³/万元；紧随其后的依次是造纸及纸制品业，化学纤维制造业，石油加工、炼焦及核燃料加工业，化学原料及化学制品制造业等，它们的水资源消耗强度降幅分别为324.10m³/万元、113.82m³/万元、109.66m³/万元、95.20m³/万元。在此期间，单位工业增加值新水取用量不降反升的10个行业中，上升幅度最大的是非金属矿采选业，其每万元工业增加值消耗的水资源提高了51.21m³；工艺品及其他制造业，文教体育用品制造业，纺织服装、鞋、帽制造业，塑料制品业等水资源消耗强度上升幅度居第2~5位，分别提高了20.64m³/万元、20.63m³/万元、14.00m³/万元、12.84m³/万元。

　　就2003~2007年单位工业增加值新水取用量下降速度来说，其他采矿业的水资源消耗强度年平均下降42.74%，在全部工业行业中排第一位；其次是废弃资源和废旧材料回收加工业，年均降速为 27.40%；平均下降速度排在第三、第四、第五位的分别是石油加工、炼焦及核燃料加工业，造纸及纸制品业，黑色金属冶炼及压延加工业，它们每年分别降低 23.86%、20.07% 和 19.13%。在单位工业增加值新水取用量年均下降速度排在前五位的行业中，石油、造纸、黑色金属 3 个行业属于高耗水行业，由此可见过去一段时间内工业部门水资源消耗强度降低也有这些行业的贡献。但是，也要看到，作为第一耗水大户，电力行业水资源消耗强度的年均下降速度并不高，仅为 14.45%。在电力装机容量，尤其是火电装机容量快速提高，电力行业增加值持续增加的情况下，电力行业新水取用量降低幅度有限。2007 年电力行业新水取用量为 376.64 亿 m³，与 2003 年相比减少了20.09 亿 m³，仅下降了 5.26%。与此同时，文教体育用品制造业，家具制造业，工艺品及其他制造业，塑料制品业，纺织服装、鞋、帽制造业，印刷业和记录媒介的复制，通信设备、计算机及其他电子设备制造业等 11 个行业的水资源消耗强度年均下降速度为负，即在此期间其单位增加值新水取用量在提高。

值得注意的是：在 2003~2007 年水资源消耗强度不降反升的行业绝大部分都是轻工行业。最近几年中国重化工业进入高速增长阶段。根据《中国统计年鉴》等统计资料计算，重工业产值占工业总产值的比重从 2005 年的 68.89% 提高至2009 年的 70.55%。"十一五"前四年重工业占工业部门比重的平均值高达70.60%，比"十五"期间的 63.37% 提高了 7.23 个百分点。在此条件下，轻工业水资源消耗强度提高才没有对工业水资源利用效率产生显著的负面影响。但是，可以预计，随着经济发展水平提高和经济发展动力由投资、出口推动转向内需驱动，中国轻重工业比重必将发生明显调整。重化工业高速增长的态势很可能会被逆转，轻工业占工业总产值的比重会逐步恢复到均衡水平。如果因为大部分轻工行业的新水取用量目前还比较低而不关注其水资源消耗强度提高的情况，很可能会在几年后面临轻工业用水大幅增长，从而导致工业节水难度加大的局面。

二、工业行业水资源消耗强度变化的 AWD 因素分解模型

在各工业行业单位增加值新水取用量变化情况存在较大差异的情况下，有必要对工业部门水资源消耗强度变化进行分解，以探讨结构因素和技术因素的贡献，从而为制定行之有效的工业节能政策提供参考。由于工业行业数据较多，为避免对数平均迪氏分解法等常用因素分解方法中参数估计的主观性造成的误差，本章选择 Liu、Ang 和 Ong（1992）提出的目前应用广泛的适应性加权（Adaptive Weighting Decomposition，AWD）因素分解模型，对中国工业部门水资源消耗强度变化进行分解。

应用 AWD 法进行水资源消耗强度分解的基本原理是，首先将水资源消耗强度总变化 Δw 分解为工业内部结构变化所引起的结构份额 Δw_{str} 和工业行业水资源消耗强度变化引起的效率份额 Δw_{eff}；其次是求解微分方程获得相关参数值，即可以用来计算不同因素对能源消费强度变化的影响。基本求解步骤主要有以下几步。

第一步：将水资源消耗公式改写为包含工业内部结构份额和行业水资源消费强度的形式：

$$W_t = \sum_i \frac{W_{i,t}}{Y_{i,t}} \cdot \frac{Y_{i,t}}{Y_t} \cdot Y_t = \sum_i w_{i,t} \cdot s_{i,t} \cdot Y_t \tag{5-1}$$

其中，W_t 表示 t 时期工业部门新水取用总量，$W_{i,t}$ 为 t 时期第 i 个工业行业的新水取用量，$Y_{i,t}$ 是 t 时期第 i 个工业行业的产出水平（本章以行业增加值表示），Y_t 表示 t 时期工业部门总产出（本章以工业增加值表示），$w_{i,t}$ 表示 t 时期第 i 个工业行业的水资源消耗强度，$s_{i,t}$ 表示 t 时期第 i 个工业行业增加值在全行业工业增加值中所占比重。

第二步：将式（5-1）除以 Y_t，可以得到 t 时期工业部门水资源消耗强度 w_t：

$$w_t = \frac{W_t}{Y_t} = \sum_i w_{i,t} \cdot s_{i,t} \tag{5-2}$$

第三步：对式（5-2）等号两边同时取 t 的微分，得到：

$$\frac{\partial w_t}{\partial t} = \sum \frac{\partial w_{i,t}}{\partial t} \cdot s_{i,t} + \sum \frac{\partial s_{i,t}}{\partial t} \cdot w_{i,t} \tag{5-3}$$

第四步：将式（5-3）等号两边同时除以 w_0，再分别求 0~t 时期的积分，就可以得到：

$$\ln\left(\frac{w_t}{w_0}\right) = \int_0^t \sum \frac{\partial w_{i,t}}{\partial t} \cdot \frac{s_{i,t}}{e_0} dt + \int_0^t \sum \frac{\partial s_{i,t}}{\partial t} \cdot \frac{e_{i,t}}{e_0} dt \tag{5-4}$$

式（5-4）就是 0~t 时期工业部门水资源消耗强度的完全分解模型。显然，由于缺乏数学意义上连续的基础数据，无法直接运用上式进行因素分解，需要借助参数技术来逼近。先把式（5-4）改写为下列简化形式：

$$\Delta w = \Delta w_{eff} + \Delta w_{str} + D \tag{5-5}$$

式（5-5）中，Δw 为工业部门水资源消耗强度总变化量；Δw_{eff} 表示由于工业部门内各行业水资源利用效率提高（即水资源消耗强度降低）所引起的工业水资源消耗强度的变化，一般称其为效率因素贡献或效率份额；Δw_{str} 表示工业内部行业结构变化所引起的水资源消耗强度的变化，通常称其为结构因素贡献或结构份额；D 是剩余残差项，若其为正则表示效率因素和结构因素对水资源消耗强度总变化量的贡献被低估，反之就表示两者的贡献被高估。

对式（5-4）进行微分转化为式（5-5）的方法有不少，最常用的是两种参数微分法，即 PDM1 和 PDM2 方法。运用 PDM1 方法进行分解，Δw_{eff} 和 Δw_{str} 分别为：

$$\Delta w_{eff} = \sum_i \left[\frac{W_{i,0}}{Y_0} + \alpha_i \left(\frac{W_{i,t}}{Y_t} - \frac{W_{i,0}}{Y_0} \right) \right] \cdot \ln\left(\frac{w_{i,t}}{w_{i,0}} \right) \tag{5-6}$$

$$\Delta w_{str} = \sum_i \left[\frac{W_{i,0}}{Y_0} + \beta_i \left(\frac{W_{i,t}}{Y_t} - \frac{W_{i,0}}{Y_0} \right) \right] \cdot \ln\left(\frac{s_{i,t}}{s_{i,0}} \right) \tag{5-7}$$

运用 PDM2 方法进行分解，Δw_{eff} 和 Δw_{str} 分别为：

$$\Delta w_{eff} = \sum_i \left[s_{i,0} + \alpha_i \cdot (s_{i,t} - s_{i,0}) \right] \cdot (w_{i,t} - w_{i,0}) \tag{5-8}$$

$$\Delta w_{str} = \sum_i \left[w_{i,0} + \beta_i \cdot (w_{i,t} - w_{i,0}) \right] \cdot (s_{i,t} - s_{i,0}) \tag{5-9}$$

在式（5-6）~ 式（5-9）中，$0 \leq \alpha_i$，$\beta_i \leq 1$。

显然，如果使用 PDM1 和 PDM2 方法对由 n 个行业组成的工业部门水资源消耗强度从 0~t 时期的变化进行分解，都会产生 2n 个待定参数。确定这些参数的取值，就可以计算出工业部门水资源消耗强度变化的结构因素贡献和效率因素贡献。参数 α_i 和 β_i 的取值主要有四种方法：

（1）令 $\alpha_i = \beta_i = 0$，所得结果与利用第四章介绍的拉氏指数分解模型进行分解得到的结果一致。

（2）令 $\alpha_i = \beta_i = 1$，所得结果与利用帕氏（Paasche）指数分解模型进行分解得到的结果一致。

（3）令 $\alpha_i = \beta_i = 0.5$，所得结果与利用简单平均微分分解模型（即 Marshall-Edgeworth 分解模型）进行分解得到的结果一致。

（4）Liu、Ang 和 Ong（1992）认为，运用 PDM1 方法进行分解得到的结果，应该与采用 PDM2 方法进行分解得到的结果一致，于是通过求解联立方程组得出 α_i 和 β_i 的值。这就是适应性加强分解方法（AWD）。运用这种方法确定参数 α_i 和 β_i 的值，可以有效避免前三种方法中主观确定参数值可能会产生的误差。此外，利用 AWD 方法求得的参数 α_i 和 β_i 的值，是随时间序列变动而变动的，这样能够更好地反映出不同时期的相关信息。

求解由式（5-6）~ 式（5-9）构成的联立方程组，可以得到参数 α_i 和 β_i 的表达式分别为：

$$\alpha_i = \frac{\dfrac{W_{i,0}}{Y_0} \cdot \ln\left(\dfrac{w_{i,t}}{w_{i,0}}\right) - s_{i,0}(w_{i,t} - w_{i,0})}{(w_{i,t} - w_{i,0}) \cdot (s_{i,t} - s_{i,0}) - \left(\dfrac{W_{i,t}}{Y_t} - \dfrac{W_{i,0}}{Y_0}\right) \cdot \ln\left(\dfrac{w_{i,t}}{w_{i,0}}\right)} \tag{5-10}$$

$$\beta_i = \frac{\dfrac{W_{i,0}}{Y_0} \cdot \ln\left(\dfrac{s_{i,t}}{s_{i,0}}\right) - w_{i,0}(s_{i,t} - s_{i,0})}{(w_{i,t} - w_{i,0}) \cdot (s_{i,t} - s_{i,0}) - \left(\dfrac{W_{i,t}}{Y_t} - \dfrac{W_{i,0}}{Y_0}\right) \cdot \ln\left(\dfrac{s_{i,t}}{s_{i,0}}\right)} \tag{5-11}$$

利用 AWD 因素分解方法对 2003~2007 年中国工业部门水资源消耗强度变动进行分解的结果见表 5-2。分析该表中的相关数据，可以发现工业部门内部的行业结构调整，对 2003~2007 年工业水资源消耗强度降低的作用非常有限，其贡献率仅为 6.14%。与此形成鲜明对比的是，效率因素的贡献率高达 87.90%。也就是说，在 2003~2007 年单位工业增加值新水取用量降低 79.18m³，绝大部分归功于工业行业水资源利用效率的提高。此外，也要注意到利用 AWD 因素分解模型进行分解后得到的剩余残差项的值为负，与工业水资源强度总变化量的符号相同，这表明结构因素和效率因素的贡献被低估了。

表 5-2　中国工业部门水资源消耗强度变动的因素分解

工业水资源强度总变化量	结构因素		效率因素		残差项 (m³/元)
	贡献值 (m³/元)	贡献率 (%)	贡献值 (m³/元)	贡献率 (%)	
−79.18	−4.86	6.14	−69.60	87.90	−4.72

注：表中工业水资源强度总变化量数值为负，说明水资源消耗强度降低；结构因素和效率因素的贡献值为负，说明两者都使工业水资源强度下降。

资料来源：2003~2006 年各工业行业取水量数据来源于《中国环境年鉴》（2003~2006）；2007 年各工业行业取水量数据来源于《中国经济普查年鉴 2008·能源卷》；各年工业增加值数值及按不变价格计算的工业产值指数来源于《中国统计年鉴》和《中国工业经济统计年鉴》历年各卷。

结合前文的分析，很容易理解这一结论。根据第五章中提供的数据，在 2003~2007 年 38 个工业行业中水资源消耗强度下降绝对值及年均下降速度排名靠前的基本都是化工、钢铁等重化工业，即从水资源利用效率方面看，重工业的改善程度最显著，而塑料、家具、服装等部分轻工业的用水效率不降反升。但由于轻工业增加值占工业增加值的比重有所下降，所以从整体上看工业部门水资源消耗强度会降低。

三、各行业对工业水资源消耗强度下降的贡献

表 5-3 显示了 38 个工业行业在 2003~2007 年对工业部门水资源消耗强度下降中所发挥的作用。通过比较可以发现，在 38 个工业行业中，有 24 个行业对工业全行业水资源消耗强度降低起到了积极的作用。其中，电力、热力的生产和供应业的作用最大，工业部门单位增加值新水取用量下降有接近 70% 的份额要归功于此行业；贡献率排在第二、第三位的分别是化学原料及化学制品制造业、造纸及纸制品业，两者分别对工业全行业水资源消耗强度下降做出了 7.24%、7.13% 的贡献。黑色金属冶炼及压延加工业，以及石油加工、炼焦及核燃料加工业也对工业部门水资源消耗强度下降产生了积极影响，其贡献率分别为 6.91%、4.45%。另有 19 个工业行业也在不同程度上为工业全行业水资源消耗强度的降低做出了贡献。

表 5-3　各行业对工业水资源消耗强度下降的贡献

行业名称	贡献值（m³/万元）	贡献率（%）
煤炭开采和洗选业	0.35	-0.47
石油和天然气开采业	0.13	-0.18
黑色金属矿采选业	0.18	-0.24
有色金属矿采选业	-0.20	0.27
非金属矿采选业	0.26	-0.35
其他采矿业	-0.01	0.02
农副食品加工业	-1.34	1.80
食品制造业	-0.50	0.68
饮料制造业	-0.32	0.43
烟草制品业	-0.05	0.07
纺织业	-1.34	1.8
纺织服装、鞋、帽制造业	0.27	-0.36
皮革毛皮羽毛（绒）及其制品业	-0.02	0.03

续表

行业名称	贡献值（m³/万元）	贡献率（%）
木材加工及木、竹、藤、棕、草制品业	-0.05	0.06
家具制造业	0.07	-0.09
造纸及纸制品业	-5.31	7.13
印刷业和记录媒介的复制	0.06	-0.09
文教体育用品制造业	0.11	-0.14
石油加工、炼焦及核燃料加工业	-3.31	4.45
化学原料及化学制品制造业	-5.39	7.24
医药制造业	-0.32	0.43
化学纤维制造业	-0.80	1.08
橡胶制品业	-0.04	0.05
塑料制品业	0.23	-0.31
非金属矿物制品业	-0.49	0.65
黑色金属冶炼及压延加工业	-5.14	6.91
有色金属冶炼及压延加工业	-0.11	0.15
金属制品业	0.03	-0.04
通用设备制造业	0.05	-0.07
专用设备制造业	-0.06	0.09
交通运输设备制造业	-0.39	0.52
电气机械及器材制造业	0.18	-0.24
通信设备、计算机及其他电子设备制造业	0.54	-0.72
仪器仪表及文化、办公用机械制造业	-0.17	0.23
工艺品及其他制造业	0.16	-0.22
废弃资源和废旧材料回收加工业	0.00	0.00
电力、热力的生产和供应业	-51.64	69.36
燃气生产和供应业	-0.06	0.08
工业全行业累计	-74.46	100

注：①若行业的贡献值为负，表示该行业对工业部门水资源消耗强度降低做出了积极贡献，因此其贡献率为正；若行业的贡献值为正，则表示该行业没有对工业部门水资源消耗强度降低做出积极贡献，因此其贡献率为负。②由于水的生产和供应业在水资源消耗方面与其他行业存在显著差异，因此本表不包括该行业。

资料来源：同附表 5-1。

不过，有 14 个行业非但没有为 2003~2007 年工业部门水资源消耗强度下降做出贡献，反而在一定程度上妨碍了工业全行业水资源利用效率的提高。其中，煤炭开采和洗选业，非金属矿采选业，纺织服装、鞋、帽制造业，塑料制品业，黑色金属矿采选业，电气机械及器材制造业等行业对工业水资源消耗强度下降的负面影响相对较大。

比较各行业对工业部门水资源消耗强度下降的影响就会发现，在2003~2007年单位工业增加值新水取用量能够实现大幅减少，主要依靠电力、化工、造纸、钢铁、石油等重化工业的贡献。如果煤炭、非金属矿、黑色金属矿等采掘业，以及纺织服装、塑料等轻工业的水资源利用效率能有所提高，工业部门的水资源消耗强度就能实现更大幅度的下降。

　　上述发现对于推进工业节水工作具有重要参考价值。一方面，对于电力、化工、造纸、钢铁、石油等高耗水行业，要继续加大工作力度，通过工艺技术改造等手段提高其用水效率；另一方面，也要高度关注水资源消耗强度不降反升的行业，尤其要把煤炭、非金属矿、黑色金属矿采选业节水工作作为下一阶段的重点，[①]尽快逆转其水资源利用效率下降的趋势。

四、效率因素对工业水资源消耗强度下降的贡献

　　尽管根据表5-2给出的AWD因素分解结果，从总体上看，效率因素对工业水资源消耗强度的下降起到了绝对主导作用。然而，从推进工业节水工作的角度看，仍然需要从行业层次考察效率因素所产生的影响。这是因为，从整体上看，工业行业水资源利用效率的提高是单位工业增加值新水取用量大幅降低的最主要原因，但并非所有行业的水资源利用效率都有提高。如果以工业整体的水资源利用效率改善代替行业个体水资源消耗强度变化，从而忽视现实中很可能会存在的水资源利用效率行业差异问题，也许会误判工业节水形势。

　　实际上，根据表5-4可以发现，2003~2007年工业水资源消耗强度下降中的效率贡献份额（-69.60m³/万元），并非均匀地分布在38个工业行业中。相反，

---

　　① 煤炭、非金属矿、黑色金属矿采选业通常会抽取地下水作为其用水来源，而且重复利用率低，容易出现地下水超采、引发地面沉降的现象，严重的有可能会导致次生灾害的发生。

其分布呈现很明显的集中特征。具体而言,电力行业贡献了64.46%,化工、钢铁、造纸3个行业分别贡献了8.33%、8.27%和7.18%。这四个高耗水行业的贡献率合计超过88%。换言之,如果说2003~2007年工业部门水资源消耗强度降低主要是依靠用水效率提高来实现的,那么工业部门用水效率的提高又是主要依靠电力、化工、钢铁、造纸四个高耗水行业的水资源利用效率上升来实现的。

工业节水成效高度依赖电力等高耗水行业的局面,一方面说明过去一个时期在主要耗水领域集中开展的节水工作取得了良好效果,另一方面也对今后工业节水工作提出了新的挑战。毕竟,电力、化工、钢铁、造纸等行业水资源利用效率不可能持续多年大幅下降。在重点耗水领域节水潜力有限、难度加大的情况下,必须要结合工业行业水资源利用效率的变化状况,创造性地提出新的行之有效的工业节水政策。

表5-4 效率因素对工业水资源消耗强度下降的贡献

行业名称	贡献值(m³/万元)	贡献率(%)
煤炭开采和洗选业	−0.13	0.19
石油和天然气开采业	0.16	−0.23
黑色金属矿采选业	−0.29	0.41
有色金属矿采选业	−0.52	0.74
非金属矿采选业	0.21	−0.30
其他采矿业	−0.01	0.02
农副食品加工业	−1.53	2.20
食品制造业	−0.50	0.72
饮料制造业	−0.18	0.27
烟草制品业	−0.02	0.03
纺织业	−1.11	1.60
纺织服装、鞋、帽制造业	0.29	−0.42
皮革毛皮羽毛(绒)及其制品业	0.01	−0.02
木材加工及木、竹、藤、棕、草制品业	−0.10	0.14
家具制造业	0.06	−0.09
造纸及纸制品业	−4.99	7.18
印刷业和记录媒介的复制	0.08	−0.12
文教体育用品制造业	0.11	−0.16
石油加工、炼焦及核燃料加工业	−3.07	4.40

续表

行业名称	贡献值（m³/万元）	贡献率（%）
化学原料及化学制品制造业	−5.80	8.33
医药制造业	−0.15	0.22
化学纤维制造业	−0.79	1.14
橡胶制品业	−0.02	0.03
塑料制品业	0.23	−0.34
非金属矿物制品业	−0.48	0.69
黑色金属冶炼及压延加工业	−5.75	8.27
有色金属冶炼及压延加工业	−0.74	1.07
金属制品业	−0.02	0.02
通用设备制造业	−0.01	0.01
专用设备制造业	−0.10	0.14
交通运输设备制造业	−0.25	0.36
电气机械及器材制造业	0.15	−0.21
通信设备、计算机及其他电子设备制造业	0.64	−0.92
仪器仪表及文化、办公用机械制造业	−0.16	0.23
工艺品及其他制造业	0.17	−0.24
废弃资源和废旧材料回收加工业	−0.03	0.04
电力、热力的生产和供应业	−44.87	64.46
燃气生产和供应业	−0.10	0.14
工业全行业累计	−69.60	100

注：①若行业的贡献值为负，表示该行业对工业部门水资源消耗强度降低做出了积极贡献，因此其贡献率为正；若行业的贡献值为正，则表示该行业没有对工业部门水资源消耗强度降低做出积极贡献，因此其贡献率为负。②由于水的生产和供应业在水资源消耗方面与其他行业存在显著差异，因此本表不包括该行业。

资料来源：2003~2006年各工业行业取水量数据来源于《中国环境年鉴》（2003~2006）；2007年各工业行业取水量数据来源于《中国经济普查年鉴2008·能源卷》；各年工业增加值数值及按不变价格计算的工业产值指数来源于《中国统计年鉴》和《中国工业经济统计年鉴》历年各卷。

最为重要的是，要尽快实现工业节水政策框架的转型，即从现行基于财政补贴的盯住重点领域型政策框架，转向基于价格等市场手段的普适型政策框架。必须要明确的一点是，电力、化工、钢铁、造纸等高耗水行业水资源利用效率的提高，在相当程度上是政府政策刺激的结果，而非企业自主行动取得的成效。例如，2001年10月，原国家经贸委印发实施的《工业节水"十五"规划》明确把火力发电、纺织、造纸、钢铁、石油石化行业作为工业节水的重点领域，并把针对这些行业的节水技术推广和节水设备开发、① 节水示范工程建设作为工业节水的发展重点。在中国的政策环境下，列入五年规划重点项目通常能得到更多的财政资金支持。② 换言之，基于这些事实可以判断，财政补贴等激励性政策对电力、化工、钢铁、造纸等重点用水行业的水资源消耗强度降低发挥了一定作用。

但是，对于单位增加值新水取用量较少的行业而言，现行以财政补贴为主要手段的节水政策很难产生显著效果。原因在于，基于政策执行成本等方面的考虑，几乎所有以财政补贴为主要手段的政策都会（而且只会）以重点领域、重点行业、重大项目作为实施对象。③ 在此情况下，类似于通信设备、塑料制品等轻工行业，通常都不属于政策所界定的重点行业，而且由于这些行业的企业规模相对较小，实施节水技术改造节约的水资源量有限，很难得到政府相关补贴。于是，在电力等重点用水行业水资源利用效率提高的同时，通信设备等耗水量少、水资源强度低的行业之水资源效率反而在下降。之所以会出现上述似乎反常的现象，究其根源在于以财政补贴的盯住重点领域型政策框架。在此框架下，政策"盯住"的对象往往能取得良好的效果，但也会产生一些副作用，即不在政策瞄准范围对象的情况下通常会变得更差。

在电力等高耗水行业的节水成本不断提高的情况下，沿袭现行盯住重点领域

---

① 主要包括：一是火力发电行业的浓浆成套输灰、干除灰、干除渣及空冷等技术和设备；二是纺织行业的超临界一氧化碳染色、生物酶处理、天然纤维转移印花、无版喷墨印花等技术，以及棉织物前处理冷轧堆、逆流漂洗、合成纤维转移印花、光化学催化氧化脱色等技术；三是造纸行业的低卡伯值蒸煮、氧脱木素、无元素氯漂白、高得率制浆和二次纤维的利用、蒸发污冷凝水回用、中浓筛选等先进的节水制浆工艺技术，制浆封闭筛选、中浓操作、纸机用水封闭循环、白水回收、碱回收等技术，以及高效黑液提取设备、全封闭引纸的长网纸机等设备；四是钢铁行业的外排污水回用、轧钢废水除油、轧钢酸洗废液回用等技术，干熄焦和干式除尘技术以及串接供水系统；五是石油石化行业的稠油污水深度处理回用锅炉、炼化污水深度处理回用、注聚合物采出污水处理等技术。

② 例如：《工业节水"十五"规划》第五部分"对策与措施"第（二）条"加大以节水为重点的结构调整和技术改造力度"明确提出："……围绕工业节水发展重点，加快节水技术和节水设备、器具及污水处理设备的研究开发；重点节水技术研究开发项目，列入国家和地方重点创新计划和科技攻关计划；采取有效措施，大力推广工业节水新技术、新工艺和新设备；组织重大节水技术示范工程；……"

③ 例如浙江省财政厅 2005 年 10 月印发实施的《浙江省节能、工业节水财政专项资金管理暂行办法》（浙财企字〔2005〕108 号）第五条"支持范围"第 2 款"支持工业节水技术改造、先进节水技术与工艺的推广，以及对重大节水项目的补助和节水先进企业的奖励。"第七条"补助、奖励标准"第 2 款"对重点用水行业单位采用先进节水工艺、技术和设备……按照项目实际投资额的 5%~10%给予补助……"

型政策框架很可能要付出更大的代价才能实现政策目标。但是，如果能以价格等市场工具为基础建立普适型工业节水政策框架，那么实现节水目标所需付出的代价应该会更低。

五、结构因素对工业水资源消耗强度下降的贡献

根据表5-2可知，虽然结构因素对2003~2007年中国工业水资源消耗强度下降的贡献率并不高，但是在工业内部的行业结构不断发生改变的条件下，仍然有必要进一步考察工业水资源消耗强度下降中的结构因素份额在38个工业行业之间的分布状况。由表5-5可知，结构因素对工业全行业水资源效率提高的贡献在行业之间的分布十分不均衡。有18个行业的结构因素贡献率为负，即假定所有行业用水效率保持不变，这些行业由于产出比重的提高而使得其对工业部门整体水资源效率下降。

一方面，有色金属冶炼及压延加工业、黑色金属冶炼及压延加工业、煤炭开采和洗选业、黑色金属矿采选业、化学原料及化学制品制造业、有色金属矿采选业6个行业的负面贡献率累积高达59.94%。也就是说，假如这6个行业产出占工业总产出的比重保持不变，那么结构因素对工业部门水资源消耗强度下降的贡献份额将会比现在高出近六成。

另一方面，在21个结构因素贡献率为正的行业中，电力行业的贡献率最高，达139.49%。换言之，如果除电力行业以外其他行业的产出比重保持不变，那么结构因素对工业部门水资源强度下降的贡献份额就会比现在高出近四成。在2003~2007年中国工业水资源消耗强度下降的结构因素份额中，贡献较大的还有造纸及纸制品业，石油加工、炼焦及核燃料加工业，纺织业，医药制造业，饮料制造业，交通运输设备制造业，通信设备、计算机及其他电子设备制造业7个行业，它们的贡献率之和为27.41%。

从工业节水的角度看，在各行业用水效率不变的条件下，单位增加值新水取用量高的行业之产出占工业增加值的比重下降幅度越大，或者单位增加值新水取用量低的行业之产出占工业增加值的比重上升幅度越大，则结构因素对工业部门水资源消耗强度下降的贡献就越大。因此，从理论上讲，可以通过制定实施有关政策激励用水效率高的行业快速发展，或限制用水效率低的行业发展，从而以结构调整的方式实现工业节水目标。问题在于，工业行业发展有显著的阶段性特征，并且受国际国内宏观经济形势等多种因素的影响。试图通过经济政策或行政手段去激励或限制产业发展的行为一般很难获得成功，即便能实现目标也需要付出巨大代价。① 基于此，从优化政策资源配置的角度看，应该将工业节水政策的重点放在提高水资源利用效率上。

表5-5　结构因素对工业水资源消耗强度下降的贡献

行业名称	贡献值（m³/万元）	贡献率（%）
煤炭开采和洗选业	0.48	-9.88%
石油和天然气开采业	−0.02	0.51%
黑色金属矿采选业	0.47	-9.62%
有色金属矿采选业	0.31	-6.43%
非金属矿采选业	0.05	-1.02%
其他采矿业	0.00	0.02%
农副食品加工业	0.19	-3.91%
食品制造业	0.00	-0.02%
饮料制造业	−0.14	2.83%
烟草制品业	−0.03	0.65
纺织业	−0.22	4.62
纺织服装、鞋、帽制造业	−0.02	0.50
皮革毛皮羽毛（绒）及其制品业	−0.03	0.68
木材加工及木、竹、藤、棕、草制品业	0.05	-1.06

---

① 例如，近年来中国的钢铁、水泥、石化等重化工行业高速发展，占工业总产出的比重持续提高，在此过程中出现了原材料保障困难、生态环境受损等问题。对此，中国政府制定实施了多种经济措施，甚至不惜以行政手段进行干预，但目前看来收效甚微。当然，对于政府（产业）政策能否影响产业发展这一问题，经济学界尚未达成共识。

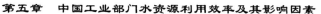

续表

行业名称	贡献值（m³/万元）	贡献率（%）
家具制造业	0.01	−0.11
造纸及纸制品业	−0.31	6.46
印刷业和记录媒介的复制	−0.02	0.37
文教体育用品制造业	−0.01	0.14
石油加工、炼焦及核燃料加工业	−0.25	5.12
化学原料及化学制品制造业	0.41	−8.46
医药制造业	−0.17	3.55
化学纤维制造业	−0.01	0.24
橡胶制品业	−0.01	0.28
塑料制品业	0.00	−0.01
非金属矿物制品业	−0.01	0.17
黑色金属冶炼及压延加工业	0.61	−12.56
有色金属冶炼及压延加工业	0.63	−12.99
金属制品业	0.05	−0.93
通用设备制造业	0.06	−1.18
专用设备制造业	0.03	−0.65
交通运输设备制造业	−0.13	2.73
电气机械及器材制造业	0.03	−0.60
通信设备、计算机及其他电子设备制造业	−0.10	2.10
仪器仪表及文化、办公用机械制造业	−0.01	0.18
工艺品及其他制造业	0.00	0.09
废弃资源和废旧材料回收加工业	0.03	−0.61
电力、热力的生产和供应业	−6.78	139.49
燃气生产和供应业	0.03	−0.71
工业全行业累计	−4.86	100

注：①若行业的贡献值为负，表示该行业对工业部门水资源消耗强度降低做出了积极贡献，因此其贡献率为正；若行业的贡献值为正，则表示该行业没有对工业部门水资源消耗强度降低做出积极贡献，因此其贡献率为负。②由于水的生产和供应业在水资源消耗方面与其他行业存在显著差异，因此本表不包括该行业。

资料来源：2003~2006 年各工业行业取水量数据来源于《中国环境年鉴》（2003~2006）；2007 年各工业行业取水量数据来源于《中国经济普查年鉴 2008·能源卷》；各年工业增加值数值及按不变价格计算的工业产值指数来源于《中国统计年鉴》和《中国工业经济统计年鉴》历年各卷。

六、小结

为尽可能减轻行业分类层次过高对因素分解模型结论稳健性的负面影响，本章以2003~2007年中国38个两位数工业行业数据为基础，利用AWD因素分解模型得到了工业部门水资源消耗强度变化的结构因素和效率因素贡献，讨论了结构因素份额和效率因素份额在各工业行业之间的分布状况。本章主要分析结论可以总结如下：

（1）从横向比较的角度看，各工业行业水资源消耗强度存在显著差异，电力、化工等重化工行业单位工业增加值的新水取用量明显高于烟草制品、家具制造等轻工行业。

（2）从纵向比较的角度看，各工业行业水资源消耗强度基本上都呈持续下降态势。就2003~2007年单位工业增加值新水取用量降幅绝对值而言，电力、化工、钢铁、纺织、造纸等重化工行业位居前列。就单位工业增加值新水取用量下降速度来说，其他采矿业，废弃资源和废旧材料回收加工业，石油加工、炼焦及核燃料加工业，造纸及纸制品业，黑色金属冶炼及压延加工业5个行业依次排在前五位。

（3）工业部门内部的行业结构调整，对2003~2007年工业水资源消耗强度降低的作用非常有限，其贡献率仅为6.14%。与此形成鲜明对比的是，效率因素的高效率高达87.90%。也就是说，对2003~2007年单位工业增加值新水取用量降低79.18m³，绝大部分归功于工业行业水资源利用效率的提高。

（4）在2003~2007年工业部门水资源消耗强度降低主要源于用水效率的提高，而工业部门用水效率的提高又主要源于电力、化工、钢铁、造纸4个高耗水行业的水资源利用效率的上升。

（5）在电力、化工、钢铁、造纸等重点耗水行业节水潜力有限、难度加大的情况下，必须要结合工业行业水资源利用效率的变化状况，尽快实现工业节水政策框架的转型，即从现行基于财政补贴的盯住重点领域型政策框架，转向基于价格等市场手段的普适型政策框架。

（6）在结构因素贡献率较低、为实现节水目标实施结构调整政策的成本过高的条件下，从政策资源优化配置的角度看，工业节水政策应该以提高各工业行业水资源利用效率为重点。

第六章 中国工业节水长期战略和短期措施的重点领域

综合前面几章的分析结论可以发现，中国工农业生产部门水资源消耗强度的降低，主要归功于工业部门用水效率的提高，以及水资源消耗强度更低的工业部门产出占工农业总产出比重的上升。进一步地，工业部门用水效率提高与工业产出比重上升，主要是因为电力、化工、钢铁等重化工行业在过去一个时期内高速增长。从单位增加值水资源消耗量的绝对值看，重化工行业远高于轻工行业，这是由生产工艺等方面的特性决定的。在此背景下，持续有效地缓解严格的水资源约束，将会成为促进中国工业发展的重要任务。

"长短结合"是解决中国工业化进程中日益严峻的水资源约束问题的合理政策组合。也就是说，破解中国工业发展中的水资源难题，既要制定长期的战略，又要出台短期的措施。其中，长期战略主要以工业水资源消耗与工业增长之间的长期均衡关系为基础，把握工业水资源需求的长期变化趋势，并在此基础上从工业布局、工业结构调整、供水结构改善等方面提出化解工业水资源供需矛盾的思路；短期措施主要以各工业行业水资源消耗的短期动态调整特征为基础，在工业布局和工业结构调整给定的条件下，从需求管理的角度提出化解水资源紧缺难题的具体举措。

进一步说，不管是长期战略，还是短期措施，都需要明确其重点领域。就中国各工业行业水资源消费的长期特征和短期波动而言，在我们的阅读范围内尚无综合性的研究文献。本章以38个工业行业作为横截面单元，利用其2003~2007年的水资源消费数据、总产值数据和增加值数据，构成含有190个样本的面板数据。以此为基础，估计和检验中国工业部门水资源消费的面板协整模型，以考察中国各工业行业水资源消费与行业增长间的长期均衡关系，从而揭示各行业增长对水资源消费的依赖性及水资源消费的行业特征。首先，本章以长期均衡所派生的面板误差校正模型（PVECM）为基础，研究中国各工业行业水资源消耗的短期动态调整效应。其次，根据面板协整模型和面板误差校正模型的分析结果，提出中国工业用水调整的长期战略和缓解水资源约束的短期调整措施的重点领域。最后，以构建多部门 DSGE 模型来分析水资源利用技术冲击的产出效应，从而判断短期调整措施所针对的重点领域是否会因为需要提高用水效率而出现产出下降的情况。

一、中国工业部门水资源消费的面板协整模型

从中国工业部门各行业的水资源消耗量来看，行业产出和用水效率都是其重要的影响因素。令 W_{it}、Y_{it} 为第 $i(i = 1, \cdots, 38)$ 行业在 $t(t = 1, \cdots, 5)$ 时期的水资源消耗量和实际工业总产值，I_{it} 为该行业同期的用水效率（以单方水工业增加值来衡量，数值越大则效率越高），则中国各工业行业水资源消耗的面板协整模型可以用下式表示：

$$W_{it} = Y_{it}^{\beta_i} e^{(\alpha_i + \gamma_i I_{it} + \Psi_{it})} \tag{6-1}$$

其中，α_i 概括了第 i 个行业性质所决定的对水资源的静态依赖性，β_i 表示该行业的水资源需求的产出弹性，[1] γ_i 反映该行业用水效率动态变化对行业水资源消耗的影响，Ψ_{it} 代表其他因素在 t 时期对 i 行业水资源消费的影响。

令 $w_{it} = \ln(W_{it})$、$y_{it} = \ln(Y_{it})$，则式（6-1）可以表示为：

$$w_{it} = \alpha_i + \beta_i y_{it} + \gamma_i I_{it} + \Psi_{it} \tag{6-2}$$

---

① 本章假定各行业水资源需求的产出弹性是由其工艺技术特性决定的，并不会随着时间的推移而改变。

显然，α_i、β_i 和 γ_i 都取决于行业的技术工艺特性等因素，而各行业在技术工艺等方面很可能存在明显差异，因此对于不同行业而言，式（6-2）表示的面板数据计量分析模型参数可能并不相同。换言之，该模型具有异质性（Heterogeneous）。

本章分析所用基础数据是 2003~2007 年 38 个工业行业 [1] 的水资源消费量、工业总产值和工业增加值。其中水资源消费量为各工业行业的新水取用量，单位是亿 m³，作为实物量指标，无须考虑价格等因素的影响而进行调整，数据来源于国家环保总局编辑出版的《中国环境年鉴》（2003~2007）；工业总产值和工业增加值都是价值量数据，为剔除价格因素的影响，各行业名义总产值分别根据"按工业行业分工业品出厂价格指数"换算为 2005 年不变价格的总产值，单位是亿元；各行业名义工业增加值根据《中国统计年鉴》提供的"国内生产总值指数"表中"工业指数"调整为 2005 年不变价格，单位是亿元。各行业工业总产值和增加值数据，以及换算所用指数来源于《中国工业经济统计年鉴》和《中国统计年鉴》历年各卷。

二、工业增长与工业用水之间的长期均衡关系：面板协整检验

根据面板数据计量经济理论 [2]，对式（6-2）所表示的计量模型进行协整检验（Co-integration Test），可以得出工业增长与工业用水之间的长期均衡关系。但在做面板协整检验之前，需要对模型中有关变量进行面板单位根检验，以确定模型中各变量是由面板单位根检验过程生成的。

---

① 考虑到水的生产和供应业的用水特性与其他工业行业存在显著差异，因此本章分析的工业行业不包括此行业。

② 李子奈，叶阿忠. 高等计量经济学 [M]. 北京：清华大学出版社，2000：54。

具体而言，面板单位根检验是指将面板数据中的各横截面序列作为一个整体进行单位根检验。本章采用 Im、Pesaran 和 Shin（2003）针对异质性面板数据（Heterogeneous Panels）构造的 $\bar{t}$ 统计量进行面板单位根检验。这一检验的基本思路是，对 w_{it} 等面板变量的每个横截面单元 i（即各工业行业）分别进行增广 Dickey-Fuller（即 ADF）检验。具体而言，可以用下式来表述：

$$\Delta w_{it} = a_i + \delta_i w_{i,t-1} + \sum_{j=1}^{p_i} \rho_{ij} \Delta w_{i,t-j} + \varepsilon_{i,t}, \quad i = 1, \cdots, N; \; t = 1, \cdots, T \qquad (6\text{-}3)$$

设式（6-3）中参数 δ_i 的 t 统计量为 t_i，在 $\varepsilon_{i,t}$ 服从零均值、有限互异方差 σ_i^2 的正态分布假定下，对于原假设 $H_0: \delta_1 = \cdots = \delta_N = 0$，$\bar{t}$ 的检验统计量及其渐进分布可以写为：

$$\bar{t} = \frac{\sqrt{N}\left\{\bar{t}_{NT} - \frac{1}{N}\sum_{i=1}^{N} E[t_{iT}(p_i, 0)|\sigma_i = 0]\right\}}{\sqrt{\frac{1}{N}\sum_{i=1}^{N} Var[t_{iT}(p_i, 0)|\sigma_i = 0]}} \xrightarrow[T,N]{} N(0, 1) \qquad (6\text{-}4)$$

其中，$\bar{t}_{NT} = \frac{1}{N_i}\sum_{i=1}^{N} t_i(p_i)$ 为各横截面单元的 t_i 之平均值，$E[t_{iT}(p_i,0)|\sigma_i = 0]$、$Var[t_{iT}(p_i, 0)|\sigma_i = 0]$ 分别是相应设定下 t_i 的均值和方差。利用计量经济分析软件 Eviews 6.0 可以获得 IPS 检验结果。

对中国 38 个工业行业的新水取用量 w、工业总产值 y 和用水效率 I 三个面板变量分别进行 IPS 检验。根据表 6-1 报告的检验结果，构成工业水资源消费面板模型的三个变量的水平序列在 1% 的显著性水平下都不能拒绝存在面板单位根的原假设，但各变量的一阶差分序列在 1% 的显著性水平下都拒绝接受存在面板单位根的原假设。也就是说，三个变量的面板数据均服从 I（1）过程。

表6-1　中国工业行业水资源消耗量、总产值和用水效率序列 IPS 检验

面板变量	工业行业新水取用量（w）		工业行业总产值（y）		工业行业用水效率（I）	
	水平值	一阶差分	水平值	一阶差分	水平值	一阶差分
检验统计量	2.99363	−1.94341	−1.64386	−28.8461	0.82368	−2.20403
相伴概率	0.9986	0.0000	0.0483	0.0000	0.7949	0.0000

注：检验形式包含截距项，但不含趋势项和确定性项；滞后长度选择采用 Schwarz 准则自动选择。

获得面板变量的单位根检验结果后，可以对式（6-2）表示的模型进行面板协整检验，即对面板残差项 ψ_{it} 的平稳性进行检验，判断其是否服从 I（0）过程。Philips（1988）从理论上证明，若存在长期相关关系则会导致最小二乘估计（OLS）是有偏的。进一步地，基于 OLS 估计的残差所进行的协整检验结果的稳健性就会受到影响。Philips & Hansen（1990）提出了完全修正的最小二乘估计（FMOLS），以实现协整向量估计的一致性。McCoskey & Kao（1998）提出了基于 FMOLS 估计的残差和以存在协整关系为原假设的 LM 检验。根据这些计量理论，本章先对式（6-2）表示的模型进行 FMOLS 估计，然后以 FMOLS 估计的残差为基础，进行 LM 面板协整检验。

LM 检验的基本思路是可以简略表示为：对所有横截面单元 i（即各工业行业），设 $q_{it} = \{y_{it}, I_{it}\}$、$\eta_i = \{\beta_i, \gamma_i\}$，则模型（6-2）可以改写为：

$$w_{it} = \alpha_i + (q_{it})'\eta_i + \Psi_{it}$$

$$q_{it} = q_{i,t-1} + \varsigma_{it}, \quad \Psi_{it} = \tau_{i,t-1} + \mu_{it}, \quad \tau_{i,t} = \tau_{i,t-1} + \theta\mu_{it}$$

其中，$\mu_{it} \sim i.i.d.N(0, \sigma_u^2)$。对 Ψ_{it} 进行迭代就会得到：

$$w_{it} = \alpha_i + (q_{it})'\eta_i + \theta\sum_{j=1}^{t}u_{ij} + u_{it} = \alpha_i + (q_{it})'\eta_i + e_{it} \qquad (6-5)$$

若 $\theta = 0$（即扰动没有累积的随机趋势），则 e_{it} 服从 I（0）过程，即 $\{w_{it}, y_{it}, I_{it}\}$ 之间存在协整关系；否则，e_{it} 服从 I（1）过程，即 $\{w_{it}, y_{it}, I_{it}\}$ 之间不存在协整关系。因此 LM 检验的原假设 $H_0: \theta = 0$，备择假设 $H_A: |\theta| \neq 0$。显然，实现这一检验的关键是对式（6-5）表示的模型估计的一致性。为了对该模型应用 FMOLS 估计，令 $k_{it} = \{u_{it}, \varsigma_{it}'\}$，则 k_{it} 的长期方差矩阵及其分解可以定义为：

$$\Omega = \lim_{T \to \infty} \frac{1}{T} E\left(\sum_{t=1}^{T}k_{it}\right)\left(\sum_{t=1}^{T}k_{it}\right)' = \Sigma + \Gamma + \Gamma' = \begin{bmatrix} \varpi_1^2 & \varpi_{12} \\ \varpi_{21} & \Omega_{22} \end{bmatrix}$$

$$\Gamma = \lim_{T \to \infty} \frac{1}{T} \sum_{k=1}^{T-1}\sum_{t=k+1}^{T} E(k_{it}k_{i,t-k}') = \begin{bmatrix} \Gamma_{11} & \Gamma_{12} \\ \Gamma_{21} & \Gamma_{22} \end{bmatrix}$$

$$\Sigma = \lim_{T \to \infty} \frac{1}{T} \sum_{t=1}^{T} E(k_{it}k_{it}') = \begin{bmatrix} \sigma_1 & \Sigma_{12} \\ \Sigma_{21} & \Sigma_{22} \end{bmatrix}$$

令 $\Pi = \Sigma + \Gamma = \begin{bmatrix} \Pi_{11} & \Pi_{12} \\ \Pi_{21} & \Pi_{22} \end{bmatrix}$，$\varpi_{12}^2 = \varpi_1^2 - \varpi_{12}\Omega_{22}^{-1}\varpi_{21}$，$w_{it}^* = w_{it} - \hat{\varpi}_{12}\hat{\Omega}_{22}^{-1}\varsigma_{it}$，则 FMOLS 估计量为：

$$\eta_{i,FM} = \begin{pmatrix} \hat{\alpha}_i \\ \hat{\eta}_i \end{pmatrix}_{FM} = (X_i'X_i)^{-1}(X_i'w_i^* - \pi T\hat{\delta}^*) \tag{6-6}$$

其中，$X_i = (1_T, q_i)$ 为 $T \times 3$ 向量，1_T 是元素都为 1 的 $T \times 1$ 向量，$\pi = (0, 1, 1)'$，$\hat{\delta}^* = \hat{\Pi}_{21} - \hat{\Pi}_{22}\hat{\Omega}_{22}^{-1}\hat{\varpi}_{21}$。

于是，可以得到基于 FMOLS 估计残差的 LM 检验统计量：

$$LM^* = \frac{\dfrac{1}{N}\sum_{i=1}^{N}\dfrac{1}{T^2}\sum_{t=1}^{T}(S_{it}^*)^2}{\hat{\varpi}_{12}^2} \tag{6-7}$$

式（6-7）中，$(S_{it}^*)^2 = \sum_{i=1}^{t}\tilde{e}_{it}^*$、$\tilde{e}_{it}^* = w_{it}^* - X_i'\eta_{i,FM}$，$\hat{\varpi}_{12}$ 为 ϖ_{12} 的一致估计值。McCoskey 和 Kao（1998）已证明上述 LM 检验统计量服从以下渐进分布：

$$\sqrt{N}(LM^* - \mu_\upsilon) \to N(0, \delta_\upsilon^2) \tag{6-8}$$

其中，$\mu_\upsilon = E(\int_0^1 W(r)^2 dr)$、$\delta_\upsilon^2 = Var(\int_0^1 W(r)^2 dr)$，$W(r)$ 服从标准布朗运动。

根据 FMOLS 估计的残差 $\tilde{e}_{it}^*$、校正因子 $\hat{\varpi}_{12}$，以及 $\hat{\mu}_\upsilon$ 和 $\hat{\delta}_\upsilon^2$，可以计算出 LM 统计量，并依据正态分布计算其 p 值，以此检验面板协整原假设。如果不能拒绝原假设 $H_0: \theta = 0$，则 FMOLS 估计结果即为面板协整向量的估计结果：$(1, \eta_i)' = (1, \hat{\alpha}_i, \hat{\beta}_i, \hat{\gamma}_i)$。

对式（6-2）表示的面板模型进行 FMOLS 估计，主要包括以下四个步骤：

第一步，对式（6-2）进行 OLS 估计，得到的残差记为 $\hat{u}_{it}$，并定义

$$\xi_{it} = (\Delta q_{it} - \overline{\Delta q_{iR}}) = ((\Delta y_{it} - \overline{\Delta y_{iR}}), (\Delta I_{it} - \overline{\Delta I_{iR}}))$$

第二步，对 $\hat{u}_{it}$ 和 ξ_{it}，利用 Barlett 核函数对其长期方差–协方差矩阵进行非参数估计，得到 Γ 和 Ω 的一致估计值，从而得到 FMOLS 估计所需参数 $\hat{\delta}^*$、$\hat{\Omega}_{22}^*$

和 $\hat{\varpi}_{12}$。

第三步，对因变量进行校正，即 $w_{it}^* = y_{it} - \hat{\varpi}_{12}\hat{\Omega}_{22}^{-1}\xi_{it}$。

第四步，根据式（6-6）对式（6-2）进行 FMOLS 估计，得到：

$$w_{it} = \hat{\alpha}_i + \hat{\beta}_i y_{it} + \hat{\gamma}_i I_{it} + \hat{v}_{it} \tag{6-9}$$

其中，$\hat{\alpha}_i$ 反映的是各工业行业对水资源的静态依赖特征，是对工业行业水资源需求的静态度量；工业行业水资源消费的增长弹性系数 $\hat{\beta}_i$（也可称其为收入弹性系数）和用水效率系数 $\hat{\gamma}_i$ 代表的是对各工业行业水资源需求的动态度量。表6-2 给出了根据上述步骤进行协整向量估计的结果。分析该结果，可以得出以下三个结论①：

（1）各工业行业水资源需求的静态依赖性差异较大，重化工行业的静态依赖性远高于轻工行业。也就是说，长期看来，电力、石油、化工、钢铁、化纤、造纸等重化工行业发展对水资源的依赖性较大，而工艺品及其他制造业、家具制造业、文教体育用品制造业、纺织服装业等轻工行业发展对水资源的依赖程度较低。其中，电力行业水资源需求静态依赖性是工艺品等轻工行业的 15 倍多。与工业行业的工艺技术特性有关的水资源需求静态依赖特征长期存在这一结论表明：很难在短期内通过政策引导或激励，拉平各行业水资源需求的静态依赖性。换言之，在当前技术水平下，电力等重化工行业的水资源消耗强度高于纺织服装等轻工业的局面难以改变。

（2）就各行业水资源需求的增长弹性系数而言，各行业的 $\hat{\beta}_i$ 都大于 0，这表明行业水资源需求与总产出的增长方向一致。但水资源需求的增长弹性系数大于 1 的行业数量较少，而且各行业间差异不大。在 38 个工业行业中，只有塑料制品业、工艺品及其他制造业、非金属矿采选业、家具制造业、纺织业、文教体育用品制造业、石油和天然气开采业 7 个行业的增长弹性系数估计值大于 1，即行

---

① 如果将显著性水平高于 10% 的估计值剔除在外，以下结论仍然成立。

表6-2 中国工业行业水资源消费面板模型 FMOLS 估计结果

行业名称（i）	α_i		β_i		γ_i	
	估计值	t值	估计值	t值	估计值	t值
煤炭开采和洗选业	4.4856	5.1586	0.8851	8.2857	−23.2102	−6.8215
石油和天然气开采业	2.8999	2.3520*	1.0035	6.8617	−8.5579	−7.4426
黑色金属矿采选业	5.7144	10.5997	0.8237	8.9330	−73.6609	−5.1178
有色金属矿采选业	4.8377	3.6485	0.9141	4.0715	−61.3069	−2.5219
非金属矿采选业	3.8325	4.3799	1.0631	8.5512	−68.2929	−6.5983
其他采矿业	5.1604	10.8868	0.8164	3.2043	−65.8620	−15.9506
农副食品加工业	6.3683**	1.7457	0.6502***	1.4718	−29.6429***	−1.5020
食品制造业	5.6063***	0.9826	0.7429***	0.8840	−38.2420***	−0.6956
饮料制造业	5.4903	4.3569	0.8142	4.1971	−53.7062***	−1.6397
烟草制品业	3.2050***	1.0250	0.8096**	1.7587	−2.6703**	−1.6905
纺织业	3.9930***	0.6511	1.0346**	1.1754	−97.8323***	−0.6878
纺织服装、鞋、帽制造业	2.6344***	1.3519	0.9433	4.3958	−10.2383	−6.2600
皮革毛皮羽毛（绒）及其制品	3.5262	2.5335	0.8747	5.4376	−15.4946***	−0.8037
木材加工及木、竹、藤、棕、草制品	4.2363	4.2123	0.7671	5.1058	−14.7380	−4.6543
家具制造业	1.0503***	0.9939	1.0603	7.8759	−4.7926	−11.3740
造纸及纸制品业	8.6065	4.4176	0.5898	2.3512	−213.5225	−4.1674
印刷业和记录媒介的复制	5.2675	4.2845	0.7402	4.4824	−25.5896	−2.4057
文教体育用品制造业	1.8273***	1.1381	1.0211	4.8861	−6.4239	−14.1105
石油加工、炼焦及核燃料加工业	11.9571	5.4784	0.0711***	0.2845	−43.9037	−3.5145
化学原料及化学制品制造	10.7204**	1.8929	0.2728***	0.4026	−30.8682***	−0.3196
医药制造业	5.6530	3.3268	0.7476	2.7985	−35.4087***	−1.3321
化学纤维制造业	8.8744	4.1833	0.3311***	1.0787	−55.4870***	−1.5352
橡胶制品业	4.4283	4.1530	0.7633	5.2222	−17.8753	−5.0871
塑料制品业	−0.8187***	−0.6397	1.2747	8.8120	−5.4131	−11.9991
非金属矿物制品业	5.5215	4.0202	0.7451	4.4976	−27.9020	−3.4299
黑色金属冶炼及压延加工	9.5601	3.0246	0.3913**	1.0890	−38.1228***	−1.3751
有色金属冶炼及压延加工	5.2675	4.2845	0.7402	4.4824	−25.5896	−2.4057
金属制品业	3.6502	3.4496	0.8481	6.8749	−14.3054	−2.4519
通用设备制造业	3.4678	3.1972	0.8041	6.6286	−6.4522	−6.4365
专用设备制造业	3.3600	2.8965	0.8450	6.1309	−9.3199	−6.0272
交通运输设备制造业	4.6595	3.0699	0.7353	4.5364	−11.2821	−6.5283
电气机械及器材制造业	1.2964***	1.1466	0.9976	8.4068	−4.5261	−11.4560
通信设备、计算机及其他电子设备制造业	3.9165**	1.8997	0.7578	3.9904	−6.5989	−7.1062
仪器仪表及文化办公用机械制造业	4.5434***	1.2121	0.7288***	1.3616	−14.0044*	−2.0214
工艺品及其他制造业	0.1117***	0.0902	1.2538	8.1362	−8.2815	−11.5164
废弃资源和废旧材料回收加工业	4.2118	13.9141	0.6174	9.8751	−10.4712	−12.3536
电力、热力的生产和供应业	14.4857	8.4246	0.1118***	0.5389	−246.5328***	−1.0881
燃气生产和供应业	4.5635	2.3141	0.8163**	1.9860	−38.1622***	−1.5533

注：估计值右上标中 * 代表5%显著性水平，** 代表10%显著性水平，*** 代表其显著性水平高于10%，没有右上标表示在1%的水平上显著。

业新水取用量的增长率高于行业总产值增长率；其他 31 个行业的增长弹性系数都小于 1，即行业新水取用量的增长率低于行业总产值增长率。在增长弹性系数大于 1 的 7 个行业中，相互之间的差异不到 0.3；在 31 个增长弹性系数小于 1 的行业中，相互之间的差异略大，最高接近 0.93。进一步而言，水资源需求的增长弹性系数大于 1 的 7 个行业中有 5 个是轻工行业，其他 2 个是采掘业，它们在工业总产值中的比重并不高，而且按当年价格计算的总产值占比已从 2003 年的 12.47% 降低至 2007 年的 10.99%。因此，在工业结构变化趋势不发生根本性改变的情况下，工业新水取用量增速低于工业总产值增速的态势将会持续。

（3）就各行业用水效率动态变化对水资源需求的影响而言，各行业的 $\hat{\gamma}_i$ 都小于 0，这表明行业水资源需求与用水效率的变化方向相反。但各行业的用水效率系数差异较大。具体而言，用水效率系数估计值的绝对值 $|\hat{\gamma}_i| > 200$ 的行业有 2 个、$50 < |\hat{\gamma}_i| < 100$ 的行业有 7 个、$20 < |\hat{\gamma}_i| < 50$ 的行业有 11 个、$10 < |\hat{\gamma}_i| < 20$ 的行业有 8 个、$0 < |\hat{\gamma}_i| < 10$ 的行业有 10 个。其中，用水效率系数估计值的绝对值最高的是电力行业（246.53），与用水效率系数估计值的绝对值最低的烟草行业（2.67）相比，前者是后者的 92 倍多。考虑到 γ_i 为半弹性系数，[①] 各工业行业用水效率系数的差异反映在新水取用量变化上会更大。从提高工业节水政策效率的角度看，在基于价格等市场手段的普适型政策框架没有建立起来之前，考虑到电力、化工、钢铁、造纸等重点领域节水潜力有限、难度加大，作为折中方案可以考虑将现行基于财政补贴的盯住重点领域型政策框架的适用范围推广至纺织业、黑色金属矿采选业、非金属矿采选业、其他采矿业、有色金属矿采选业、化学纤维制造业、饮料制造业等用水效率系数绝对值高的行业。

---

① 即由于 w_{it} 为对数值，I_{it} 为水平值，所以有 $\%\Delta w_{it} = (100\gamma_i)\Delta I_{it}$。因此以单方水工业增加值表示的用水效率每提高 1 元/m³，则新水取用量就会减少 $10000 \times |\hat{\gamma}_i|$ 吨。

三、工业行业水资源消费的短期动态调整：
面板误差校正模型

上一节的分析面板协整检验结果揭示了中国各工业行业水资源消费量与行业增长及行业用水效率之间的长期均衡关系，在一定程度上刻画了中国工业用水的行业特征，为中国工业部门的长期水资源战略、产业结构和产业布局战略制定提供了参考。进一步说，可以利用面板误差校正模型（PVECM）来考察中国工业部门水资源消费的短期动态调整。

根据面板变量的单位根检验结果及面板协整检验结果，3个面板变量的一阶差分序列是平稳的，因此可以利用 OLS 估计下式表示的 PVECM 模型，以考察中国各工业行业水资源消费与行业增长的长期均衡过程中存在的短期动态调整效应。

$$\Delta w_{it} = \tau_i + \kappa_i \Delta y_{it} + \rho_i \Delta I_{it} + ecm_i \hat{v}_{i,t-1} + \zeta_{it} \tag{6-10}$$

其中，Δw_{it}、Δy_{it} 和 ΔI_{it} 分别为 3 个面板变量的一阶差分；$\hat{v}_{it}$ 是对模型（6-9）进行 FMOLS 估计的残差；ecm_i 是误差校正系数，表示短期调整效应，能反映上一期对均衡关系的偏离在本期所得到的修正程度的高低。此外，与协整模型中的待估参数反映的是变量间长期均衡关系不同，面板误差校正模型（PVECM）中的待估参数 κ_i 和 ρ_i 分别表示行业总产值和用水效率短期变化对水资源消费的短期影响。

从表 6-3 给出的面板误差校正模型（PVECM）估计结果可以看出，各行业短期调整系数基本上都具有正确的符号，但显著性水平明显偏高，这可能是因为样本期限较短造成的。进一步说，将其与表 6-2 报告的面板协整模型估计结果相比较可以发现：①在 38 个工业行业中，没有一个行业的 κ_i 的估计值大于 1；并且所有行业总产值变动对水资源消费的短期影响程度都低于两者之间的长期均衡依赖程度。②各行业用水效率变化对水资源消费的短期影响程度不小，但与两者之间的长期依赖程度相比，只有 18 个行业的短期影响程度高于其长期依赖程度，其他行业的短期影响程度仍然低于其长期依赖程度。其中，黑色金属矿采选业、饮料制造业、非金属矿采选业三个行业用水效率的短期影响程度高出其长期依赖程度相对较多。综合这两方面的考虑，工业节水政策的短期措施应以提高用水效率为主要着力点，尤其是要注重提高黑色金属矿采选业、饮料制造业、非金属矿采选业等行业的用水效率。

表 6-3　中国工业行业水资源消费面板模型 PVECM 估计结果

行业名称 (i)	κ_i		ρ_i		ecm_i	
	估计值	t 值	估计值	t 值	估计值	t 值
煤炭开采和洗选业	0.1650*	2.2078	−25.5779**	−1.8282	−0.6517**	−0.0984
石油和天然气开采业	0.3105*	2.2017	−20.2310**	−2.0078	−19.5265**	−1.1611
黑色金属矿采选业	0.4880***	1.3878	−203.4349***	−1.2785	−18.1584***	−0.7198
有色金属矿采选业	0.0920***	1.0403	−42.5687***	−0.9099	−5.3267***	−0.4630
非金属矿采选业	0.2976	3.4867	−109.6278	−2.9189	−7.6403***	−0.4912
其他采矿业	−0.0769***	−0.5756	−37.0025	−2.8842	−2.6408	−2.9058
农副食品加工业	0.0220***	0.3084	−7.8201***	−0.3114	−3.1748***	−0.4579
食品制造业	0.0308***	0.2341	−9.3547***	−0.2074	−2.4915***	−0.1787
饮料制造业	0.2729***	0.6925	−106.4683***	−0.6611	−11.3858***	−0.2775
烟草制品业	−0.3091***	−0.5379	5.5520**	0.5431	16.0559***	0.6052
纺织业	0.0277***	0.0786	−10.8520***	−0.0526	0.1666***	0.0130
纺织服装、鞋、帽制造业	0.2038	3.4143	−13.5815**	−2.5400	3.2684***	0.9794
皮革毛皮羽毛（绒）及其制品	0.1774***	0.2480	−29.2143***	−0.2150	−3.3373***	−0.0450
木材加工及木、竹、藤、棕、草制品	−0.4267***	−1.4108	55.5125***	1.4888	31.1183***	1.7853
家具制造业	0.2853	5.7855	−4.8016	−4.0027	2.0003***	1.2335
造纸及纸制品业	0.0656***	1.2260	−179.2214***	−1.5719	−1.6233***	−0.2490
印刷业和记录媒介的复制	0.0698***	0.7693	−14.7323***	−0.5754	−1.1074***	−0.2878
文教体育用品制造业	0.3363	5.4666	−6.5081	−4.2406	−0.2067***	−0.0374
石油加工、炼焦及核燃料加工业	0.0369***	0.7050	−37.3926***	−1.1785	−3.5466***	−1.1114
化学原料及化学制品制造	0.0074***	0.0728	−6.1923***	−0.0654	−1.9921***	−0.1478
医药制造业	0.1321***	0.5707	−37.0832***	−0.5258	7.6671***	0.1713
化学纤维制造业	0.0295***	0.3744	−29.4517***	−0.4603	−1.8477***	−0.3092
橡胶制品业	0.2249**	1.6398	−25.3073**	−1.5056	−2.1578***	−0.3236
塑料制品业	0.2440	5.6815	−6.2343	−4.6017	0.3072***	0.1680
非金属矿物制品业	0.1643***	1.4151	−43.3923***	−1.3082	2.1129**	0.2169
黑色金属冶炼及压延加工业	0.0269***	0.3800	−17.8474***	−0.4366	−1.6783***	−0.0485
有色金属冶炼及压延加工业	0.0698***	0.7693	−14.7323***	−0.5754	−1.1074***	−0.2878
金属制品业	0.2078***	1.3700	−24.4518***	−1.2145	−1.1875***	−0.0905

续表

行业名称（i）	κ_i		ρ_i		ecm_i	
	估计值	t 值	估计值	t 值	估计值	t 值
通用设备制造业	0.2204**	2.4590	−13.5467**	−2.2005	−11.5544***	−1.0536
专用设备制造业	0.2253**	2.0669	−16.6477**	−1.9178	−3.2927***	−0.8040
交通运输设备制造业	−1.0573**	−1.7602	105.0201**	1.7789	69.7886**	1.9318
电气机械及器材制造业	0.2360	3.9974	−7.0943	−3.5946	−4.1558***	−1.1840
通信设备、计算机及其他电子设备制造业	0.1434**	2.4902	−5.3252**	−1.8849	4.4344***	0.1263
仪器仪表及文化办公用机械制造业	0.0065***	0.0671	−1.3650***	−0.1425	−0.0731***	−0.0174
工艺品及其他制造业	0.2939	5.9138	−10.0254	−4.8792	−1.4954***	−0.2053
废弃资源和废旧材料回收加工业	0.2175**	1.8967	−7.5807***	−1.4970	−0.2578***	−0.2453
电力、热力的生产和供应业	0.0265***	0.2880	−197.8023***	−0.3464	−3.7560***	−0.4881
燃气生产和供应业	0.0119***	0.0514	−1.9785***	−0.0377	−1.5771***	−0.5892

注：估计值右上标中 * 代表 5% 显著性水平，** 代表 10% 显著性水平，*** 代表其显著性水平高于 10%，没有右上标表示在 1% 的水平上显著。

四、水资源利用技术冲击的产出效应：多部门 DSGE 模型①

考虑到水资源是国民经济中其他产业部门最重要的一种投入品，因此，需要继续考察提高用水效率的产出效应。从目前国内外的相关研究看，把水资源纳入到产业经济增长或波动框架中的分析并不多见。具体而言，国外学者倾向于对经济增长过程中的水资源安全进行实证分析，并发掘水资源利用效率与经济增长之间的关系。Katz（2008）通过评估一系列的取水和消费的截面和面板数据集，发现水资源利用效率与经济增长之间存在明确的环境库兹涅茨曲线（EFC），即人

---

① 本节初稿由渠慎宁博士提供，特此致谢。

均资本用水量开始随着人均收入的增加而增加，随后随着人均收入的增加而减少。Abbasinejad 等（2012）进一步区分了经济体存在水资源约束和不存在水资源约束两种情况：在不存在水资源约束的经济体中，经济增长与水资源的有效利用率之间存在倒 U 型的关系；而在存在水资源约束的经济体中，经济增长与水资源利用效率之间的关系则比较复杂。国内学者在国外研究的基础上，对中国的水资源问题也进行了相关分析。邓朝辉等（2012）利用 VAR 模型对中国经济增长与水资源利用的长期均衡关系及其动态性进行了实证分析，其发现经济增长对水资源利用的冲击响应的滞后期短且是非渐进的，而水资源对经济增长产生显著影响的滞后期较长且是非渐进的。

由于国内外均较少利用现代经济学方法分析水资源利用技术冲击对具体各个行业的影响。本节试图对此加以弥补，通过建立多部门动态随机一般均衡（DSGE）的理论框架，考察水资源利用技术冲击对国民经济中不同行业产出的影响。

（一）多部门动态随机一般均衡的基本方法

自从 Kydland 和 Prescott（1982）创建动态随机一般均衡（Dynamic Stochastic General Equilibrium，DSGE）分析框架以来，DSGE 逐步成为现代宏观经济研究的主流分析方法。随着研究的深入，越来越多的分析方法被运用于 DSGE 框架下：①考虑垄断竞争市场。主要被运用的代表性框架有 Dixit 和 Stigliz（1977）、Blanchard 和 Kiyotaki（1987）。②考虑货币的存在。将货币加入效用函数中，考虑在现金优先（cash-in-advance）等条件约束下，消费者的最优行为。③考虑货币主管部门对经济的调节。例如货币主管部门如何制定货币政策准则，其中，最具代表性的有泰勒准则（Taylor Rule）等。[①]

DSGE 衔接了宏观波动与微观主体行为。然而，传统 DSGE 模型在考虑产品异质性的同时，大多假定各部门分配与相对价格相同，并未深入到产业层面，考

---

① 还有学者将家庭生产（Benhabib 等，1991），开放经济部门（Correia 等，1995）与金融部门（Bernanke 等，1999）加入 DSGE 框架内，由于本节不考虑这些方面，在此暂不讨论。

虑各产业之间存在的差异性。为解释总量经济波动，传统 DSGE 假定差别化的厂商与消费者在受到外在冲击时同时变动生产技术与需求。这种假定要求各部门所受外部冲击相同，从而导致难以从更微观、更易观察的产业层面解释总量经济波动。而作为传统的产业分析工具之一，可计算一般均衡模型（Computable General Equilibrium，CGE）同样在经济预测与政策分析方面运用较广。CGE 细致剖析了产业各部门间的联系，并具有易于建模、可计算等优点，但相比 DSGE，CGE 并未包含现代宏观经济理论，因此未能被现代主流宏观经济理论接受。现代宏观经济理论主要采用动态递归方法建立 DSGE 框架，并融合了新古典真实经济周期（Real Business Cycle，RBC）理论与新凯恩斯学派思想。这使得 DSGE 能够广泛运用于评价宏观经济政策。同时，为了易于计算，DSGE 通常限制变量及方程个数，与 CGE 动则数百个变量大相径庭。多部门 DSGE（Multi-sector DSGE）的出现，为 CGE 与 DSGE 之间的融合提供了可行性。多部门 DSGE 在传统 DSGE 框架的基础上，加入了 CGE 对各产业部门之间关联的分析方法，同时又具备现代宏观经济学理论基础，可以说是结合了 DSGE 与 CGE 各自的优点（如图 6-1）。多部门 DSGE 进一步深化了产业层面与宏观层面之间的联系，为剖析产业层面的变化如何影响宏观经济波动提供了可行的工具。各产业之间产业结构、生产技术、消费习惯等存在的差异，决定了各产业的价格黏性、技术及货币扰动均不相同。因此，不同产业部门的波动对宏观经济波动会产生不同的影响。同时，中央政府的货币政策与财政政策对不同部门的作用也不尽相同。

图 6-1 多部门 DSGE 的特点

由于各产业部门的变化更易观测，如何利用产业层面的波动，把握宏观经济总量波动，是多部门 DSGE 研究的主要方向。Long 和 Plosser（1983）是多部门

DSGE 的开创者，其在早期的 RBC 模型研究中，加入了六部门经济，并考虑各部门之间的投入产出关系。其发现各部门的产出由劳动与其他部门产出决定，当某一部门技术水平提高时，将会给其他部门带来外部正效应，从而提高总体经济产出。Dupor（1999）将多部门 DSGE 与单部门 DSGE 进行了比较，得出了多部门 DSGE 较单部门 DSCE 模拟经济系统更为准确的结论。目前，国内运用多部门 DSGE 进行产业层面的冲击模拟和政策分析较为鲜见。本节参考 Long 和 Plosser（1983），Horvath（2000），Bouakez、Cardia 和 Murcia（2009）中的方法，构建一个含有中间投入的多部门 DSGE 模型。各部门之间的生产函数及中间产品投入均存在差异。而在同一部门内，存在大量生产差别化产品的垄断竞争厂商。

（二）多部门 DSGE 模型构建

考虑一个不包含政府的经济系统：厂商是生产的组织者，同时也是中间产品的消费者，在现有技术条件下利用劳动、资本和中间产品生产最终产品；家庭依托劳动取得工资，并进行消费。生产部门中包含 J 个行业，每个行业由众多厂商构成。在同一行业中，厂商的生产技术相同，但所生产出的产品存在差异，借此构成垄断竞争市场。不同行业的厂商生产技术不同，所需中间要素投入存在差异。每一个部门的产品都可以为所有部门提供中间投入，同时都可以为代表性家庭提供消费品。同时假定家庭是同质的，并可无限期存活，且不考虑人口增长。

1. 厂商行为

假定 j 部门中的代表性厂商 l 的生产函数为：

$$y_t^{lj} = A_t^j (k_t^{lj})^{\alpha^j} (n_t^{lj})^{\nu^j} (H_t^{lj})^{\gamma^j} \tag{6-11}$$

其中，y_t^{lj} 为产出，A_t^j 为 j 行业的技术水平，k_t^{lj} 为资本投入，n_t^{lj} 为劳动投入，H_t^{lj} 为中间产品投入。参数 ν^j，α^j，$\gamma^j \in (0, 1)$ 且满足线性约束 $\nu^j + \alpha^j + \gamma^j = 1$。而生产技术 A_t^j 满足如下过程：

$$\ln(A_t^j) = \rho \ln(A_{t-1}^j) + \varepsilon_t^j \tag{6-12}$$

其中，$-1 < \rho < 1$，这表明该随机过程平稳。ε_t^j 是第 t 期第 j 个部门受到的随机技术冲击，该冲击包括除中间投入和劳动投入外影响产出变化的各种因素，因此可以视为外生冲击。ε_t^j 为零均值、同方差的独立分布序列，且序列 ε_t^j，$\varepsilon_t^i (i \neq j)$ 相互独立。

厂商的资本积累：

$$k_t^{lj} = (1 - \delta) k_{t-1}^{lj} + i_{t-1}^{lj} \tag{6-13}$$

其中，δ 表示资本折旧率，$0 < \delta < 1$，i_{t-1}^{lj} 为 $t-1$ 期的新增投资。中间产品投入由各部门中厂商的各种产品组成：

$$H_t^{lj} = \prod_{i=1}^{J} \left(h_{mi,t}^{lj} \right)^{\varsigma_{ij}} \tag{6-14}$$

其中，$h_{mi,t}^{lj}$ 表示 j 部门的厂商 l 从 i 部门的厂商 m 处买来的作为要素投入的产品。ς_{ij} 为各要素所占权重，且满足 $\sum_{i=1}^{J} \varsigma_{ij} = 1$。部门 j 所需中间产品 H_t^j 的价格为

$$Q_t^{H^j} = \prod_{i=1}^{J} \left(p_t^i \right)^{\varsigma_{ij}}。$$

2. 家庭行为

家庭行为即为最大化效用：

$$E_\tau \sum_{t=\tau}^{\infty} \beta^{t-\tau} U(C_t,\ 1 - N_t) \tag{6-15}$$

其中，C_t 为消费，N_t 为工作时间。将总时间标准化为 1，则 $1 - N_t$ 即为闲暇。即时效用函数 U 满足稻田条件，且关于所有变量严格增，严格凹，二次连续可微。本书参考 Nagi 和 Pissaridis（2007），将效用函数写成对数线性化形式：

$$U(C_t,\ 1 - N_t) = \log(C_t) + \eta \log(1 - N_t) \tag{6-16}$$

其中，η 表示家庭对消费和休闲之间的偏好程度。

代表性家庭总消费为各部门商品的加总：

$$C_t = \prod_{j=1}^{J} \left(\xi^j \right)^{-\xi^j} \left(c_t^j \right)^{\xi^j} \tag{6-17}$$

其中，ξ^j 为非负权重，表示消费者对各种消费品的相对偏好大小，且满足

$\sum_{j=1}^{J} \xi^j = 1$。而 $c_t^j = \left(\int_0^1 (c_t^{lj})^{(\theta-1)/\theta} dl \right)^{\theta/(\theta-1)}$，其中，$c_t^{lj}$ 为 j 部门中的 l 厂商所生产出的最

终消费品，其为柯布—道格拉斯生产函数，该式表明部门内产品比部门间产品更

容易替代。

借鉴 Horvath（2000），家庭的总工作时间分配于各部门中的各厂商：

$$N_t = \left(\sum_{j=1}^{J} (n_t^j)^{(\varsigma+1)/\varsigma} \right)^{\varsigma/(\varsigma+1)} \tag{6-18}$$

$$\text{而 } n_t^j = \int_0^1 n_t^{lj} dl \tag{6-19}$$

其中，常参数 $\varsigma > 0$，为 j 部门的总工作时间，而 n_t^{lj} 为部门 j 中厂商 l 的工作

时间。式（6-18）考虑了部门间的差异性，表明部门间的劳动力流动受到限制，

因此，各部门的工资与时间不同。而式（6-19）表明部门内的劳动力完全流动，

部门内各厂商之间的工作时间可以完全替代。因此，同部门内各厂商的工资与工

作时间相同。

3. 加总及均衡

在市场均衡状态下，则有：

$$\sum_{j=1}^{J} y_t^j = \sum_{j=1}^{J} p_t^j c_t^j + \sum_{j=1}^{J} p_t^j h_t^j + \sum_{j=1}^{J} i_t^j \tag{6-20}$$

且对于每个行业，有：

$$y_t^j = p_t^j c_t^j + p_t^j h_t^j + i_t^j, \quad j = 1, \cdots, J \tag{6-21}$$

即总产出等于私人部门消费加上中间产品投入与投资，且总产出为各生产部

门的产值之和。

（三）水资源利用技术冲击的产出效应模拟

为了划分出水资源的主要消费部门，根据中国 2007 年 42 部门的投入产出表

（基本流量表）对 42 个部门进行合并，将国民经济分成七个部门（即 J=7）：农业、轻工业、重化工业、电子和机械设备制造业、服务业和建筑业、能源行业和水资源行业（见表 6-4）。在确定部门后，对上一小节中的多部门 DSGE 模型进行最优化求解并进行数值模拟。一般而言，经济波动研究的重要目的和组成部分之一是通过模拟的方法分析其定性和定量特征，而要将以上模型作为实验分析的工具还需要识别其参数。考虑到本章的模型特点、研究目的和数据限制，本小节主要采用校准（Calibration）方法进行参数识别，这种方法相对比较简单、方便，也可以为今后更为复杂的模型识别提供参数基准设定的参考（吴利学，2009）。本小节采用多种方法构建了中国产业经济的主要变量序列数据，并将尽可能依据中国的基本经济特征来确定模型参数。

表 6-4　多部门 DSGE 中的部门划分

主要部门	所包括细分行业
农业	农林牧渔业
轻工业	食品制造及烟草加工业，纺织业，纺织服装、鞋、帽制造业，皮革毛皮羽绒及其制品，木材加工及家具制造业，造纸印刷及文教体育用品制造业，废品废料，仪器仪表及文化办公用品机械制造业，工艺品及其他制造业
重化工业	石油加工、炼焦及核燃料加工业，金属矿采选业，非金属矿及其他矿采选业，化学工业，非金属矿物制品业，金属冶炼及压延加工业，金属制品业
电子和机械设备制造业	通用、专用设备制造业，交通运输设备制造业，电气机械及器材制造业，通信设备、计算机及其他电子设备制造业
服务业和建筑业	交通运输及仓储业，邮政业，信息传输、计算机服务和软件业，批发和零售业，住宿和餐饮业，金融业，房地产业，租赁和商务服务业，研究与试验发展业，综合技术服务业，水利、环境和公共设施管理业，居民服务和其他服务业，教育，卫生、社会保障和社会福利业，文化、体育和娱乐业，公共管理和社会组织，建筑业
能源行业	煤炭开采和洗选业，石油和天然气开采业，电力、热力的生产和供应业，燃气生产和供应业
水资源行业	水的生产和供应业

1. 参数校准

下面对生产函数中的参数进行校准，由式（6-11）和式（6-14）可推出生产函数为：$y_t^{lj} = A_t^j (k_t^{lj})^{\alpha^j} (n_t^{lj})^{\nu^j} \prod_{i=1}^{J} (h_{mi,t}^{lj})^{\gamma^j \varsigma_{ij}}$。令 $\kappa_{ji} = \gamma^j \varsigma_{ij}$，则其表示在 j 部门的生

中，i 部门提供的中间投入比重，则其可根据投入产出表中的 i 部门中间投入占 j 部门总投入比重得出（见表 6-5）。而根据规模报酬不变的假设，各部门产出中资本的贡献用该部门增加值减去劳动者报酬计算，其与部门总投入之间的比重即为资本投入参数 α^j。通过对部门的中间投入系数进行加总，可计算出 j 部门的中间投入品总量 γ^j，再根据 $\nu^j + \alpha^j + \gamma^j = 1$，即可得出劳动投入参数 ν^j（见表 6-6）。对于技术冲击过程的一阶自相关系数校准，借鉴许伟和陈斌开（2009）研究中的估计值 0.7809。资本折旧率的校准参考王小鲁和樊纲（2000）、吴利学（2009）研究中的设定，取值为 0.05。

表 6-5　参数 κ_{ji} 的校准

	农业	轻工业	重化工业	电子和机械设备制造业	服务业和建筑业	能源行业	水资源行业
农业	0.140657	0.181066	0.008690	0.000037	0.011012	0.001368	0.000000
轻工业	0.100070	0.332584	0.046105	0.034292	0.068033	0.028018	0.020063
重化工业	0.089069	0.107914	0.464145	0.255522	0.189146	0.078351	0.095685
电子和机械设备制造业	0.010527	0.029000	0.037772	0.411683	0.065346	0.077320	0.029970
服务业	0.063343	0.080485	0.082668	0.089894	0.188775	0.093756	0.152365
能源部门	0.009987	0.019459	0.144140	0.016452	0.016338	0.349512	0.202315
水资源行业	0.000186	0.001097	0.001258	0.000545	0.001140	0.001655	0.034680

表 6-6　资本投入参数 α^j 和劳动投入参数 ν^j 的校准

	农业	轻工业	重化工业	电子和机械设备制造业	服务业和建筑业	能源行业	水资源行业
资本投入参数	0.030220	0.167328	0.140369	0.123406	0.343155	0.261449	0.257694
劳动投入参数	0.555941	0.081066	0.078794	0.068169	0.191655	0.108572	0.207228

代表性家庭行为中，效用函数中的贴现率 β 根据大多数文献选择取值为 0.95。反映代表性个人对各部门产品消费偏好的系数 ξ^j 由系统最优化后的线性方程组校准得出，参数 ξ^j 的相对大小反映了不同部门产品对消费者的重要性。参数中 η 在对数线性化的过程中被消去，不需要进行校准。在已有的研究中，参数 θ 的估计值在 1~3 之间（Bergin and Feenstra，2000），取值为 2。而参数 ς 则参考

Horvath（2000）中的估计，取值为 1。

此外，对于产出的稳态水平 $\bar{y}_j$，取值为 2007 年各部门产出占总产出的比重，并根据 2007 年投入产出表计算得出。对于稳态下各部门的劳动时间 $\bar{n}_j$，则根据《2012 年中国劳动统计年鉴》，由于 2011 年城镇就业人员调查结果中周平均工作时间为 46.2 个小时，可测算出在家庭可支配时间中用于劳动投入的比重为 $46.2/(24 \times 7) = 0.275$。即家庭每单位时间中用于劳动的为 0.275，用于休息的为 0.725。各部门不仅平均工作时间不同，就业人员数也不同。各部门就业人数参考《2012 年中国劳动统计年鉴》中的城镇单位分行业就业人员，加总合并成七部门后分别除以 2012 年的城镇就业总人数，即可作为各部门稳态下劳动时间分配的权重，将其分别与 0.275 相乘，则可得出稳态下各部门的均衡劳动时间。而对于稳态时各部门消费水平 $\bar{c}_j$，取值为稳态时各部门消费除以占产出的比重，该值由最优化过程中的一阶条件校准得出（见表 6-7）。

表 6-7　稳态下的产出 $\bar{y}_j$、劳动时间 $\bar{n}_j$ 和消费 $\bar{c}_j$ 取值

	农业	轻工业	重化工业	电子和机械设备制造业	服务业和建筑业	能源行业	水资源行业
稳态时产出水平	0.059709	0.154381	0.237745	0.171959	0.311539	0.063227	0.001440
稳态时劳动时间	0.003565	0.042455	0.086444	0.047289	0.064609	0.017387	0.000396
稳态时消费水平	0.356	0.157	0.011	0.136	0.484	0.114	0.150

2. 数值模拟

得出参数值与稳态值之后，就可以对多部门经济系统进行数值模拟（见附图 6-1~附图 6-7）。可以发现，当农业、轻工业、重化工业、电子机械和设备制造业、服务业和建筑业、能源产业出现正向技术冲击时，其对水资源行业的产出变化几乎没有影响。当水资源行业出现正向技术冲击时，农业、重化工业、服务业和建筑业、能源行业产出均会在短期内快速提高，随后逐步回落，同样推动了总产出在短期内的提高。

通过测算各部门产出的相关性系数（见表 6-8），可以发现，水资源部门产出均与农业、重化工业、电子和机械设备制造业、服务业和建筑业、能源行业产

出高度相关，且同总产出关联性效果显著。这表明这些产业已高度依赖于水资源的消费，并导致总产出也存在较强的依赖度。而轻工业部门与水资源相关度并不高，这表明轻工业对水资源的消费依赖度并不大。

基于这些分析可以判断，如果要以黑色金属矿采选业、饮料制造业、非金属矿采选业等行业为重点对象，采取政策措施促使其提高用水效率，那么在短期内，黑色金属矿采选业、非金属矿采选业的产出非但不会受到负面影响，反而会有所提高。这很可能是因为，一方面，用水效率的提高是装备、技术、工艺和管理等方面改进的结果，而这些改进同时也会在短期内附带着形成一定的增长效应。当然，从中长期来看，这些"附带的"增长效应会逐渐消失。另一方面，水资源利用技术冲击对轻工业的产出影响很小。因此，通过各种政策措施促使黑色金属矿采选业、饮料制造业、非金属矿采选业等行业提高其用水效率基本上不会带来产出损失，大致可以认为这是帕累托改进型政策。

表 6-8　各部门产出相关系数

	农业	轻工业	重化工业	电子和机械设备制造业	服务业和建筑业	能源行业	水资源行业	总产出
农业	1.000	0.125	0.846	0.694	0.820	0.824	0.966	0.860
轻工业	0.125	1.000	−0.341	0.683	0.141	0.395	0.311	0.072
重化工业	0.846	−0.341	1.000	0.412	0.836	0.695	0.682	0.886
电子和机械设备制造业	0.694	0.683	0.412	1.000	0.794	0.932	0.722	0.756
服务业和建筑业	0.820	0.141	0.836	0.794	1.000	0.959	0.704	0.994
能源行业	0.824	0.395	0.695	0.932	0.959	1.000	0.772	0.940
水资源行业	0.966	0.311	0.682	0.722	0.704	0.772	1.000	0.739
总产出	0.860	0.072	0.886	0.756	0.994	0.940	0.739	1.000

五、小结

为刻画中国工业行业水资源需求的长期演变和短期变化特征，并确定总产出和用水效率对两者的影响程度，从而为中国工业用水调整的长期战略和短期措施制定提供参考。本章以中国 38 个工业行业 2003~2007 年的水资源消费数据、总产值数据和增加值数据为基础，估计和检验了中国工业部门水资源消费的面板协整模型和面板误差校正模型，得到主要结论如下：

（1）各工业行业水资源需求的静态依赖性差异较大，重化工行业的静态依赖性远高于轻工行业。这意味着，在各工业行业工艺技术水平不发生革命性变化的情况下，电力等重化工行业的水资源消耗强度高于纺织服装等轻工业的局面难以改变。

（2）各行业水资源需求的增长弹性系数都大于 0，这表明行业水资源需求与总产出的增长方向一致。但水资源需求的增长弹性系数大于 1 的行业数量较少，它们在工业总产值中的比重并不高且在降低。这就表明，在工业结构变化趋势不发生根本性改变的情况下，工业新水取用量增速低于工业总产值增速的态势将会持续。

（3）各行业用水效率动态变化对水资源需求的影响都小于 0，这表明行业水资源需求与用水效率的变化方向相反。但各行业的用水效率系数差异较大。从提高工业节水政策效率的角度看，在基于价格等市场手段的普适型政策框架没有建立起来之前，考虑到电力、化工、钢铁、造纸等重点领域节水潜力有限、节水成本提高，作为折中方案或过渡时期方案，宜将现行基于财政补贴的盯住重点领域型政策框架的适用范围推广至纺织业、黑色金属矿采选业、非金属矿采选业、其他采矿业、有色金属矿采选业、化学纤维制造业、饮料制造业等用水效率系数绝对值高的行业，以确保工业节水政策能取得实效。

（4）面板误差校正模型估计结果显示：①在 38 个工业行业中，没有一个行业的总产出短期影响系数大于 1；并且所有行业总产值变动对水资源消费的短期影响程度都低于两者之间的长期均衡依赖程度。②各行业用水效率变化对水资源消费的短期影响程度不小，但与两者之间的长期依赖程度相比，只有 18 个行业的短期影响程度高于其长期依赖程度。其中，黑色金属矿采选业、饮料制造业、非金属矿采选业 3 个行业用水效率的短期影响程度高出其长期依赖程度相对较多。因此，工业节水政策的短期措施应以提高用水效率为主要着力点，尤其是要注重提高黑色金属矿采选业、饮料制造业、非金属矿采选业等行业的用水效率。

（5）利用 DSGE 模型对水资源利用技术冲击的产出效应进行数值模拟的结果显示：当水资源行业出现正向技术冲击时，农业、重化工业、服务业和能源部门产出均会在短期内快速提高，随后逐步回落，同样推动了总产出在短期内的提高。同时，通过测算各部门产出的相关性系数可发现，农业、重化工业、电子和机械设备制造业、服务业和建筑业、能源行业高度依赖于水资源的消费，而轻工业对水资源的消费依赖度并不大。基于这些分析可以判断，短期内通过各种政策措施促使黑色金属矿采选业、饮料制造业、非金属矿采选业等行业提高其用水效率基本上不会带来产出损失，大致可以认为这是帕累托改进型政策。

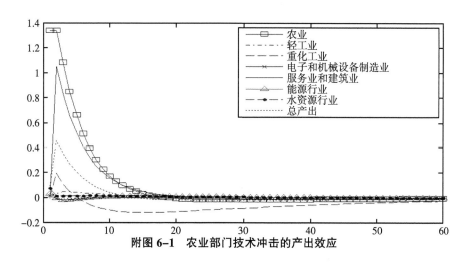

附图 6-1　农业部门技术冲击的产出效应

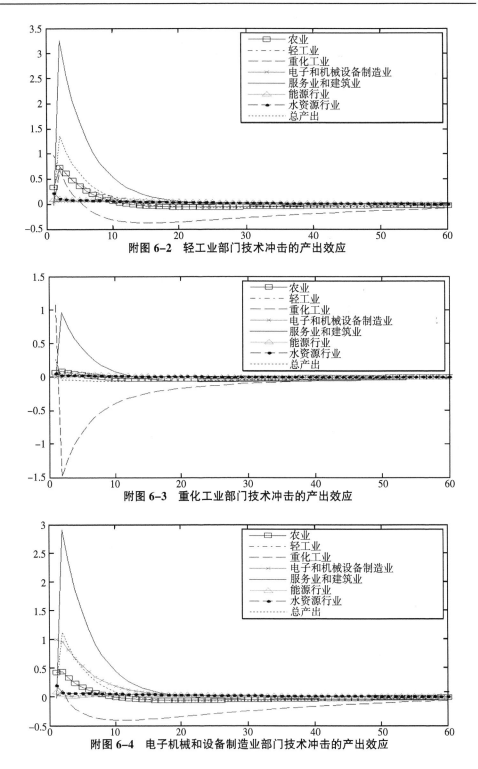

附图 6-2　轻工业部门技术冲击的产出效应

附图 6-3　重化工业部门技术冲击的产出效应

附图 6-4　电子机械和设备制造业部门技术冲击的产出效应

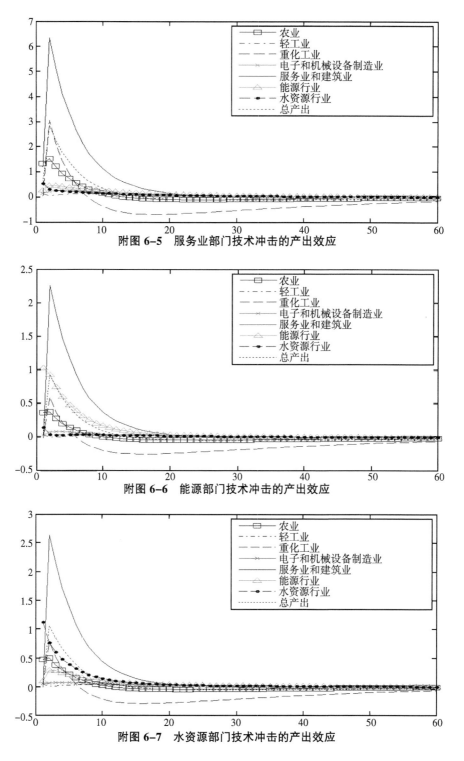

附图 6-5　服务业部门技术冲击的产出效应

附图 6-6　能源部门技术冲击的产出效应

附图 6-7　水资源部门技术冲击的产出效应

第七章　总结与展望

一、实证分析结论总结

本书基于中国水资源消费与经济增长,尤其是工业行业用水量与总产值、增加值数据,通过采用格兰杰因果关系检验、拉氏因素分解模型、AWD因素分解模型、面板协整模型、面板误差校正模型等模型,对中国水资源消费与经济增长的关系、工农业总体水资源消耗强度下降的驱动因素、省际水资源边际利益效率、工业部门水资源消耗强度下降的驱动因素,以及工业行业水资源需求的长期演变和短期变化特征进行了实证分析,得到以下主要结论:

(1)中国水资源消费和经济增长之间存在长期稳定的均衡关系,水资源消费量的提高是驱动经济增长的原因之一。在全国以及东、中、西三大区域,水资源消费量与GDP(或地区生产总值)之间都存在明显的相关关系。而且,在全国及东、中、西三大区域的水资源消费量的经济增长弹性中,中部地区最高、全国其次、西部第三、东部最低。

(2)在1980~2009年,尽管中国单位GDP水资源消耗强度绝对下降幅度表现出"先大后小"的特征,但其下降速度基本稳定且呈逐年加快的态势;从绝对值上看,农业水资源消耗强度远高于工业,而且随着时间的推移,两者之间的相对差异略有缩小后,逐渐变得越来越大;从时序变化的角度看,工农业总体水资源强度与农业部门的相对差异越来越大；分阶段看，在 1980~1990 年，农业水资源消耗强度降低的速度要快于工业，此后尽管工业水资源消耗强度降低速度有所波动，但一直都快于农业部门水资源消耗强度的下降速度；在促使中国工农业总体水资源消耗强度下降的因素中，效率因素的贡献大于结构因素的贡献。

（3）2002~2009 年，中国各省级行政区的水资源边际利用效率差异较大，发达地区的水资源边际利用效率显著高于欠发达地区；从纵向比较的角度看，各省级行政区的水资源边际利用效率提高趋势明显，但是发达地区的提高速度更快、改善程度更显著，欠发达地区的上升速度较慢、改善程度较小。

（4）从纵向比较的角度看，2003~2007 年中国 38 个工业行业水资源消耗强度基本上都呈持续下降态势。从横向比较的角度看，各工业行业水资源消耗强度存在显著差异，电力、化工等重化工行业的单位工业增加值的新水取用量明显高于烟草制品、家具制造等轻工行业。

（5）工业部门内部的行业结构调整，对 2003~2007 年工业水资源消耗强度降低的作用非常有限，其贡献率仅为 6.14%。与此形成鲜明对比的是，效率因素的高效率高达 87.90%。

（6）2003~2007 年工业部门水资源消耗强度降低主要源于用水效率的提高，而工业部门用水效率的提高又主要源于电力、化工、钢铁、造纸 4 个高耗水行业的水资源利用效率的上升。

（7）中国 38 个工业行业水资源需求的静态依赖性差异较大，重化工行业的静态依赖性远高于轻工行业；各行业水资源需求的增长弹性系数都大于 0，但水资源需求的增长弹性系数大于 1 的行业数量较少，它们在工业总产值中的比重并不高且在降低；各行业用水效率动态变化对水资源需求的影响都小于 0，但各行业的用水效率系数差异较大。

二、工业节水政策建议

缓解中国水资源供求紧张形势的举措可以分为两类：一类是从供应侧入手的"开源"措施，主要包括开展必要的水源工程建设、改善水资源配置格局，以增加供水量；另一类是从需求侧入手的"节流"措施，主要包括各项抑制用水需求快速增长的手段。

在"开源"不可能无限制扩大且成本高昂的情况下，坚持开源与节流并重、节流优先，是中国解决水资源紧缺难题的必然选择。由于水资源是生产活动的重要投入要素，因此如果只是简单地采取用水总量控制措施来抑制用水需求增长，很可能会对生产活动产生显著的负面影响。换言之，在水资源需求管理措施中，提高用水效率能较好地兼顾经济增长与用水量控制两个目标。

在工业用水比重不断提高的背景下，制定实施符合实际的工业节水政策已成为中国节水型社会建设中的当务之急。同其他领域节水工作一样，工业节水是综合性水资源需求管理行为，包括核心手段和支撑手段两个方面的内容。核心手段有行政措施、经济手段和自我管理，强调工业用水需求管理的执行能力和约束条件；支撑手段有法律保障、技术支撑和教育培训，强调工业用水需求管理的社会背景与技术条件。它们之间紧密联系的体系共同构成了工业节水政策框架体系（如图7-1）。

在核心层面上的行政措施、经济手段和自我管理三大手段，分别对应经济学中的进入限制、内部激励和自主管理。

（1）进入限制，一般以总量或用量控制的形式体现；通过数量控制，水资源管理部门以强制的形式限制流域、区域或取用水户取用水行为和取用水量（可以理解为传统的计划手段），以实现工业部门水资源管理的目标。

（2）内部激励，通常以激励措施的形式，例如价格政策等，让取用水户自动调节其取用水行为，从而实现工业部门水资源需求管理的目标（可以理解为市场机制）。

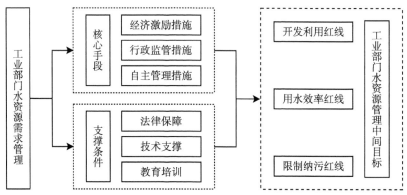

图 7-1　中国工业部门水资源需求管理的主要手段和中间目标

（3）自主管理，一般以用水户自行管理的形式出现，从而实现工业用水管理的目标，包括制定与实施行业规范和标准、成立类似于协会的自治组织（例如行业用水者协会）实施工业部门水资源需求管理。

从管理效果上看，进入限制是通过管理部门的强制行为实现的，激励措施是间接引导实现，自主管理是通过管理对象的自适应措施实现的。在支撑层面上的法律保障、技术支撑和教育培训三大手段，分别对应社会行为规范、自然科学规律、个人节水意识。

从近些年来发布的《工业节水"十五"规划》（国经贸资源〔2001〕1017号）、《节水型社会建设"十一五"规划》（发改环资〔2007〕236号）、《关于进一步加强工业节水工作的意见》（工信部节〔2010〕218号）、《实行最严格水资源管理制度考核办法》（国办发〔2013〕2号）等有关工业节水工作的重点政策看，在中央政府层面，相关主管部门力图采取以下四类措施，提升工业节约用水能力和水平：①淘汰落后高用水工艺、设备和产品，加强重点行业取水定额管理，严格控制新上高用水工业项目等行政监管手段；②推广节水工艺技术和设备，推进水资源循环利用和工业废水处理回用，加强海水、矿井水、雨水、再生水、微咸水等非常规水资源的开发利用等技术支撑措施；③制定实施《用水单位水计量器具配备和管理通则》强制性国家标准和《企业水平衡测试通则》、《企业用水统计通则》等相关国家标准，确立工业节水工作的法律保障；④以加强宣传交流为主要内容的教育培训等措施。

分析现行与工业节水有关的主要政策文本就会发现，经济激励措施并没有成为重点手段。之所以会出现这种情况，主要是受以下两方面因素的影响：

首先，为市场化手段发挥作用提供制度基础的水权、水权交易等方面的改革仅停留在试点阶段，尚无在全国范围内推广的具体时间表。尽管 2000 年 11 月 24 日在浙江省金华地区的东阳市与义乌市之间就进行了中国首笔水权永久转让的交易。但之后 10 余年的时间里，除了甘肃省张掖市的水权交易、黄河流域的宁蒙水权转让、河北与北京的水权交易之外，未见其他地区开展水资源确权和水权交易改革。水权交易在全国范围内推广依然面临产权、体制、规则、技术等方面的约束。

其次，水价形成机制不合理导致其难以承担调节水资源供需之重任。2004年 4 月颁布的《关于推进水价改革促进节约用水保护水资源的通知》（国办发〔2004〕36 号）明确提出水价结构包括四个部分，即水资源费、水利工程供水价格、城市供水价格和污水处理费。此后，《节水型社会建设"十一五"规划》和《节水型社会建设"十二五"规划》等重要文件都提出，要按照"补偿成本、合理收益、优质优价、公平负担"的原则完善水价形成机制。目前看来，中国的水价形成机制改革虽然取得了一定成效，不过仍存在比较严重的问题。其中有政策执行方面的原因，但究其根源在于指导水价形成机制改革的原则本身就没有体现效率优先的思想。从经济学的角度看，之所以需要价格机制发挥作用，是因为希望通过它实现优化资源配置的目标。要实现优化配置水资源的目标，就必须要让水价反映供需关系。换言之，在水市场上只有由供需关系决定水价的机制才是有效的、合理的水价形成机制。[①] 从理论上讲，任何基于成本补偿的价格形成机制，都无法对资源利用主体形成合理的激励，从而也就不能有效配置资源。此外，在水价由各省级人民政府有关主管部门制定的情况下，部分地区出于以低成本要素投入维持经济增长的考虑，用较低的水价吸引高用水企业投资。[②] 这实际

---

① 当然，能有效配置水资源的水价形成机制，并不能带来公平的（或者说合意的）结果。这就要求政府通过社会保障等手段解决伴生的不合意的问题。

② 以缺水严重的西北某省级行政区省份城市为例，从 2011 年 1 月 1 日起，该市工商业定额内用水价格为 2.60 元/立方米，比水资源丰富的江苏省南京市工业用水平均价格 3.40 元/立方米要低 0.8 元/立方米。

上是对水价形成机制的又一层扭曲。

在水权交易制度缺失、水价形成机制不合理的情况下，中国工业企业几乎不可能形成节约用水的内在动力。因此，面对日益严峻的水资源约束，中国政府只能以行政手段为主、辅以财政补贴的方式，从外部推动中国工业企业节约用水。但是，行政手段在很多时候都存在"一刀切"的问题，并且对决策者的信息要求很高，否则在实现政策目标的同时很可能会付出过高的代价。此外，出于降低政策执行成本等方面的考虑，政府总是倾向于针对重点行业、重大项目配置财政补贴等稀缺的政策资源。从理论上讲，事先缩小选择空间得到的结果，很可能不是最优的。也就是说，人为地把"非重点行业"或"中小项目"排除在相关政策的目标范围之外，很可能是降低了财政补贴等政策资源的使用效率。

基于上述分析，并结合本书前述实证分析结论，促使中国工业企业形成节约用水内在动力的基础是，中国工业节水政策框架要从现行基于财政补贴的盯住重点领域型政策框架，转向基于价格等市场手段的普适型政策框架。进一步考虑到中国的水资源确权、水权交易等基础性制度建设在短期内难以完成的实际情况，在电力、化工、钢铁、造纸等重点领域节水潜力有限、节水成本较高的条件下，作为折中方案或过渡时期方案，应将现行基于财政补贴的盯住重点领域型政策框架的适用范围推广至纺织业、黑色金属矿采选业、非金属矿采选业、其他采矿业、有色金属矿采选业、化学纤维制造业、饮料制造业等用水效率系数绝对值高的行业，以确保工业节水政策能取得实效。

三、后续相关研究展望

提高水资源利用效率是中国缓解水资源刚性约束的重要途径。本书利用实证分析方法对水资源消费与经济增长的关系、综合水资源利用效率、省际水资源边际利用效率、工业部门水资源强度下降的因素分解、工业行业水资源需求的长期演变和短期变化特征等方面做了一些探讨。从研究的角度看，水资源利用效率领域尚存诸多有待深入研究的议题：

（1）在相关数据资料更完善的条件下，综合考虑多种因素，利用计量经济模型估计水资源消费量与经济增长变量之间关系的具体函数形式，为判断中国水资源消费量何时出现峰值提供理论依据，从而为节水战略制定奠定重要基础。

（2）在获得更全面的建筑业、第三产业水资源消耗量等数据的基础上，结合中国产业结构演变的趋势，利用因素分解方法或计量经济方法从整体上估算中国生产性用水效率提高的结构因素贡献或效率因素贡献，为制定实施有效促进节水型社会建设的政策措施提供依据。

（3）在充分考虑中国水资源区域分布特征和区域经济发展状况的基础上，利用空间计量模型进一步研究中国区域水资源边际利用效率，为提高南水北调等大型水利工程的水资源配置效率做好铺垫。

（4）以投入产出表数据为基础，利用因素分解方法在 3 位数行业层次上更准确地识别造成工业部门水资源利用效率波动的结构因素贡献和效率因素贡献，为确定工业节水政策的重点中间目标（即以结构调整为重点，还是以提高效率为重点）提供依据。

（5）综合考虑多种因素，运用计量分析方法对 3 位数工业行业水资源需求的长期演变和短期变化特征进行分析，以便在基于价格等市场手段的普适型工业节水政策框架没有建立起来之前，为政府在现行政策框架下盯住最有可能取得最高节水效益的行业提供决策参考，从而提高现行工业节水政策的实施效率。

参考文献

中文部分：

[1] 白种林.面板数据的计量经济分析 [M].天津：南开大学出版社，2008.

[2] 曹型荣.试论北京市工业用水发展趋势 [J].北京规划建设，2003（1）.

[3] 陈诗一.能源消耗、二氧化碳排放与中国工业的可持续发展 [J].经济研究，2009（4）.

[4] 陈东景.中国工业水资源消耗强度变化的结构份额和效率份额研究 [J].中国人口·资源与环境，2008（3）.

[5] 陈素景，孙根年，韩亚芬等.中国省际经济发展与水资源利用效率分析 [J].统计与决策，2007（22）.

[6] 邓朝晖，刘洋，薛惠锋.基于VAR模型的水资源利用与经济增长动态关系研究 [J].中国人口·资源与环境，2012（6）.

[7] 邓红兵，刘天星，熊晓波等.基于生产函数的中国水资源利用效率探讨 [J].水利水电科技进展，2010（5）.

[8] 段志刚，侯宇鹏，王其文.北京市工业部门用水分析 [J].工业技术经济，2007（4）.

[9] 郭帅，张土乔.近10年我国水资源开发利用状况及发展变化趋势简析 [J].安徽农学通报，2008（21）.

[10] 贾绍凤，张士锋，杨红等.工业用水与经济发展的关系——用水库兹涅茨曲线 [J].自然资源学报，2004（3）.

[11] 靳京，吴绍洪，戴尔卓. 农业资源利用效率评估方法及其比较 [J]. 资源科学，2005（1）.

[12] 李世祥，成金华，吴巧生. 中国水资源利用效率区域差异分析 [J]. 中国人口·资源与环境，2008（3）.

[13] 李子奈，叶阿忠. 高等计量经济学 [M]. 北京：清华大学出版社，2000.

[14] 李鹏飞，张艳芳. 中国水资源综合利用效率变化的结构因素和效率因素——基于 Laspeyres 指数分解模型的分析 [J]. 技术经济，2013（6）.

[15] 刘昌明，陈志恺. 中国水资源现状评价和供需发展趋势分析 [M]. 北京：中国水利水电出版社，2001.

[16] 钱正英，张光斗. 中国可持续发展水资源战略研究综合报告及各专题报告 [M]. 北京：中国水利水电出版社，2001.

[17] 钱文婧，贺灿飞. 中国水资源利用效率区域差异及影响因素研究 [J]. 中国人口·资源与环境，2011（2）.

[18] 水利部水资源司，全国节约用水办公室. 全国节水型社会建设试点经验资料汇编 [M]. 北京：中国水利水电出版社，2004.

[19] 水利部南京水文水资源研究所，中国水利水电科学研究院水资源研究所. 中国 21 世纪水供求 [M]. 北京：中国水利水电出版社，1999.

[20]《水利辉煌 50 年》编纂委员会. 水利辉煌 50 年 [M]. 北京：中国水利水电出版社，1999.

[21] 孙爱军. 基于时序的工业用水效率测算与耗水量预测 [J]. 中国矿业大学学报，2007（4）.

[22] 孙爱军，方先明. 中国省际水资源利用效率的空间分布格局及决定因素 [J]. 中国人口·资源与环境，2010（5）.

[23] 孙才志，刘玉玉. 基于 DEA-ESDA 的中国水资源利用相对效率的时空格局分析 [J]. 资源科学，2009（10）.

[24] 孙才志，谢巍，姜楠等. 我国水资源利用相对效率的时空分异与影响因素 [J]. 经济地理，2010（11）.

［25］汪党献，王浩，倪红珍等.水资源与环境经济协调发展模型及应用研究［M］.北京：中国水利水电出版社，2011.

［26］王浩，汪党献，倪红珍等.中国工业发展对水资源的需求［J］.水利学报，2004（4）.

［27］王浩，秦大庸，汪献党等.水利与国民经济协调发展研究［M］.北京：中国水利水电出版社，2010.

［28］王浩.中国水资源问题与可持续发展战略研究［M］.北京：中国电力出版社，2010.

［29］王亚华.关于我国水价、水权和水市场改革的评论［J］.北京：中国人口·资源与环境，2007（5）.

［30］王少平，杨继生.中国工业能源调整的长期战略与短期措施［J］.中国社会科学，2006（7）.

［31］王小鲁，樊纲.中国经济增长的可持续性与制度变革［J］.经济研究，2000（7）.

［32］吴利学.中国能源效率波动：理论解释、数值模拟及政策含义［J］.经济研究，2009（5）.

［33］吴滨，李为人.中国能源强度变化因素争论与剖析［J］.中国社会科学院研究生院学报，2007（2）.

［34］吴敬链.当代中国经济改革［M］.上海：上海远东出版社，2003.

［35］熊义杰.陕西省工业用水需求预测模型研究［J］.水资源与水工程学报，2005（4）.

［36］许伟，陈斌开.银行信贷与中国经济波动：1993~2005［J］.经济学季刊，2009（4）.

［37］许新宜，王红瑞、刘海军等.中国水资源利用效率评估报告［M］.北京：北京师范大学出版社，2010.

［38］张彪，汪慧贞.北京市工业用水发展趋势［J］.给水排水，2006（32）.

［39］赵进文，范继涛.经济增长与能源消费内在依从关系的实证研究［J］.

经济研究, 2007 (8).

[40] 中国投入产出学会课题组. 国民经济各部门水资源消耗及用水系数的投入产出分析 [J]. 统计研究, 2007 (3).

[41] 朱立志. 中国农用水资源配置效率及承载力可持续性研究 [J]. 农业经济问题, 2005 (1).

[42] 朱启荣. 中国工业用水效率与节水潜力实证研究 [J]. 工业技术经济, 2007 (9).

英文部分:

[1] Abbasinejad, H., Gudarzi F. and G. Asghari.The Relationship Between Energy Consumption, Energy Prices and Economic Growth: Case Study [J]. OPEC Energy Review, 2012 (32): 272-286.

[2] Ang, B. W. & Zhang, F. Q.. A Survey of Index Decomposition Analysis in Energy and Environmental Studies [J]. Energy, 2000 (25): 1149-1176.

[3] Barsky, R.B., and L. Kilian. Oil and the Macroeconomy since the 1970s [J]. Journal of Economic Perspectives, 2004 (18): 115-134.

[4] Bergin, P. and R. Feenstra. Staggered Price Setting, Translog Preferences, and Endogenous Persistence [J]. Journal of Monetary Economics, 2000 (45): 657-680.

[5] Blanchard, O. and N. Kiyotaki. Monopolistic Competition and the Effects of Aggregate Demand [J]. American Economic Review, 1987 (77): 647-666.

[6] Bouakez, H., E. Cardia and F. Murcia. The Transmission of Monetary Policy in a Multi-Sector Economy [J]. International Economic Review, 2009 (50): 1243-1266.

[7] Bhattarai, M.. Irrigation Kuznets Curve Governance and Dynamics of Irrigation Development: A Global Cross-Country Analysis from 1972 to 1991 [R]. International Water Management Institute, 2004.

[8] Breitung, J.. The Local Power of Some Unit Root Tests for Panel Data. In B. Baltagi (Ed.), Non Stationary Panels, Panel Co-integration and Dynamic Panels [M]. Amsterdam, JAI.2000.

[9] Dixit, A. and J. Stigliz. Monopolistic Competition and Optimum Product Diversity [J]. American Economic Review, 1977 (67): 297-308.

[10] Dupor, B.. Aggregation and Irrelevance in Multi-sector Models [J]. Journal of Monetary Economics, 1999 (43): 391-409.

[11] Ehrlich, P. R., & Holdren, J.P.. Impact of Population Growth [J]. Science, 1971 (171): 1212-1217.

[12] Engelman, R., Leroy, P.. Sustaining Water: Population and the Future of Renewable Water Supplies [C]. Population and Environment Program, Population Action International (PAI), 1993.

[13] Fishe, I.. The Making of Index Numbers (4th edition) [M]. Boston: Houghton-Mifflin, 1972.

[14] Gleick, P.. Water Use [J]. Annual Review of Environment and Resources, 2003 (28): 275-314.

[15] Goklany, I.M.. Comparing 20th Century Trends in U.S. and Global Agricultural Water and Land Use [J]. Water International, 2002, 27 (3): 321-329.

[16] Hamilton, J. D.. This is What Happened to the Oil Price-Macroeconomy Relationship [J]. Journal of Monetary Economics, 1996 (38): 215-220.

[17] Hamilton, J. D.. What Is an Oil Shock [J]. Journal of Econometrics, 2003 (113): 363-398.

[18] Hamilton, J. D.. The Causes and Consequences of the Oil Shock of 2007-2008, NBER Working Paper No.15002 [Z]. National Bureau of Economic Research. 2009.

[19] Hooker, M.A.. Are Oil Shocks Inflationary? Asymmetric and Nonlinear Specifications versus Changes in Regime [J]. Journal of Money, Credit and Banking,

2002 (34): 540-561.

[20] Horvath, M.. Sectoral Shocks and Aggregate Fluctuations [J]. Journal of Monetary Economics, 2000 (45): 69-106.

[21] Hardi, K., Testing for Stationarity in Heterogeneous Panel Data [J]. Journal of Econometrics, 2000 (3): 148-161.

[22] Hurlin, C., & Venet, B.. Granger Causality Tests in Panel Data Models with Fixed Coefficients [J]. University Paris IX, Mimeo, 2003.

[23] Im, K.S., Pesaran, M.H., & Shin, Y.. Testing for Unit Roots in Heterogeneous Panels [J]. Journal of Econometrics, 2003 (115): 53-74.

[24] Jia, S., H. Yang, et al.. Industrial Water Use Kuznets Curve: Evidence from Industrialized Countries and Implications for Developing Countries [J]. Journal of Water Resources Planning and Management, 2006, 132 (3): 183-191.

[25] Katz, D.L.. Water, Economic Growth, and Conflict: Three Studies. Ph.D. Dissertation, School of Natural Resources and Environment [J]. University of Michigan, 2008.

[26] Kydland, F. and E. Prescott. Time to Build and Aggregate Fluctuations [J]. Econometrica, 1982 (50): 1345-1370.

[27] Levin, A., Lin, C.F., & Chu, C.S.. Unit Root Tests in Panel Data: Asymptotic and Finite-sample Properties [J]. Journal of Econometrics, 2002 (108): 1-24.

[28] Liu, X.Q., Ang, B. W., Ong, H. L.. The Application of the Divisia Index to the Decomposition of Changes in Industrial Energy Consumption [J]. Energy Journal, 1992 (13): 161-177.

[29] Long, J. and C. Plosser. Real Business Cycles [J]. Journal of Political Economy, 1983 (91): 36-69.

[30] Maddala, G.S., & Wu, S.. A Comparative Study of Unit Root Tests with Panel Data and a New Simple Test [J]. Oxford Bulletin of Economics and Statistics,

1999 (61): 631-652.

[31] McCoskey, S., & Kao, C.. A Residual-based Test of the Null Co-integration in Panel Data [J]. Econometric Review, 1998 (17): 57-84.

[32] Nagi, L. and C. Pissarides. Structural Change in a Multisector Model of Growth [J]. American Economic Review, 2007 (97): 429-443.

[33] Pedroni, P.. Critical Values for Co-integration Tests in Heterogeneous Panels with Multiple Regresses [J]. Oxford Bulletin of Economic sand Statistics, 1999 (61): 653-670.

[34] Phillps, P.. Understanding Spurious Regressions in Econometrics [J]. Journal of Econometrics, 1986 (33): 311-340.

[35] Phillps, P., & Hansen, B.. Statistical Inference in Instrumental Variables Regression with I (1) Processes [J]. Review of Economic Studies, 1990 (57): 99-125.

[36] Sun, J. W.. Changes in Energy Consumption and Energy Intensity: A Complete Decomposition Model [J]. Energy Economics, 1998 (20): 85-100.

[37] Sun, J. W. & Ang, B.W.. Some Properties of an Exact Energy Decomposition Model [J]. Energy, 2000 (25): 1177-1188.